時尚媽咪寶貝經

FASHION MOMMY
THE BABY BIBLE

作者　張元宜

晨星出版

CONTENTS

CONTENTS

CONTENTS

自序

●●●•●●•●•●•●•●•●•●•●•●•●•●•●•●•●

　　在確定自己懷孕後，我跟馬先生就開始買很多懷孕相關的書籍，確保自己在每個階段都有準備。等到自己進入第三產期時，才警覺到自己還活在懷孕的喜悅中，完全忘了孩子生下來以後，才是一輩子的挑戰。因此趁回台待產期間，我幾乎每幾天就去書局買育兒相關的書籍，在珈珈出生後，我還是很熱中地在看各國育兒相關的書報雜誌。我一直覺得，自己在這方面完全沒有足夠知識。希望自己可以更專業一點。

　　可是我發現，書局裡每本育兒書，不是教你如何養出「聰明寶寶」，不然就是某大名醫寫的深奧論點，再不然就是孩子們都已經長大的媽媽經驗談。這些經驗都是我可貴的學習對象。但是當我因為身兼數職而感到無助時，我找不到任何人以在職媽媽的身分，分享他們自己的心路歷程的教養書。坊間暢銷的親子書，幾乎都出自全職媽媽，她們紀錄下拉拔孩子長大的點點滴滴。雖然從他們的溫馨故事吸取不同觀點，但是每每看完，都覺得我也想在家跟孩子做餅乾啊！我也想在家跟孩子玩樂啊！我也想每天陪伴在孩子身邊，可是難道我選擇工作、選擇做自己，就不被認同，是個努力做好媽媽一職的女人嗎？這一本書就是為同樣是職業婦女、感受到同樣掙扎的媽媽們所寫的。

　　我不是專業的育兒專家，我只是融合了自己複雜的背景，以及所接收的多國文化，創造出自己既東既西的育兒觀念。我不是來教大家如何教出成功的下一代，我只是以一個職業婦女加上新手媽媽的經驗，提供給大家做參考。

　　在生完珈珈兩個多月後，我寫了「生產」這一篇。當初是為了讓當天無法一起參與的家人共同體會生產時的情景，之後又陸陸續續又紀錄下許多在

當媽媽後的第一次挑戰。感謝老天給我寫作的能力，讓我透過文字，抒發自己內心因為當媽媽後不時遇上的挫折，給我一個機會好好深思自己的想法與態度。因為當心裡話轉變成文字後，自己由第一人稱轉變為自己的讀者時，我可以仔細審視自己，並且督促自己成長。

時尚媽咪寶貝經

FASHION MOMMY
THE BABY BIBLE

我的義大利達令

天才老爸

●・●・●・●・●・●・●・●・●・●・●・●・●・●・●・●・

　　九年多前剛跟馬先生在一起不到兩個禮拜，他有一天突然跟我說「GOSH！Our kids will be so pretty.（天哪！我們的小孩一定很漂亮）」我當時心想，「這男人跟我在一起只是要我的基因？拜託我才21歲我才不要定下來生孩子」後來待我搬到米蘭剛畢業正準備進入工作職場的某一天，他突然跟我說「Look！×××brand's baby shoes are so cute, I want to have the father／baby matching shoes.（你看，×××牌的童鞋好可愛，我要我跟我的小孩穿父子裝）」我那時心想，「天哪！這個人來真的」，我真的從來沒聽說過有任何男人這麼想要小孩，而且不介意讓伴侶知道他喜歡小孩、想要小孩。但是問題是，這個人我怎麼看都像是個大男孩，他當爸爸會是怎樣，還真想瞧瞧。

　　結婚後，他就正當光明的說他一定要小孩，而且還要兩個，還要一男一女，要先有男後有女，這樣哥哥會疼妹妹，然後他也可以正大光明的寵他的小公主。

　　不過由於我們結婚時，我覺得我才畢業不久，如果直接當媽媽，我想我沒有辦法應付，後來又因為工作的關係，我們來到香港，因此更無法馬上展開生小孩計畫，總不能才新工作開始不久就跟老闆說「欸，對不起歐，我懷孕了。」但是我那位滿心想做爸爸的先生，並沒有放棄說服我生小孩，所以某一年的聖誕節，他無論如何也要帶我開來回五個小時的路程，去威尼斯附近的高山裡見他剛生完小孩不久的朋友。

　　在那短短的幾個小時，那可愛的小女生擄獲了我的心，雖然在這之前，我一直都非常疼愛我兩個可愛的姪女，但是我總是那個每次都帶禮物來的姑姑，然後跟他們玩玩幾個小時，就回家翹腳看電視，生個自己的小孩好像還

是很久以後的事。所以當我從廁所拿著雙條線的驗孕棒出來時，我不用説什麼，馬先生看了就抱頭痛哭，因為他終於等到要當爸爸了。而這一等還真的等了八年，從年輕小夥子等到成熟男，懷孕期間他比我還緊張，不准我吃這吃那，然後每天盯我吃維他命，每天早上幫我打加鈣豆漿（其實只是把鈣粉加入買回來的豆漿打一打），和準備兩盒切好的水果讓我帶去公司。

好吧！我承認其實是我假借我肚子的名義讓他這麼做，因為他後來承認其實每天早上七點起來弄這些，他並不是很樂在其中，只是因為我一次和他説，每天這樣很幸福，結果他被他自己的幸福給害了。就這樣，他從我五個多月搞到我回台待產。

欸！是他想要小孩，我很樂意讓他生，如果可以的話。

除此之外，他每天會跟肚裡的寶寶講悄悄話，他會講故事或者唱歌給寶寶聽，而且還規定我要跟著聽，因為他不知從哪裡看來説，胎教是靠著媽媽的腦波傳給肚裡的寶寶，所以他不准我在他和寶寶熱線時傳簡訊看雜誌。

但是我不得不承認，我真敗給他選的黏巴達。他説他不會唱童謠，所以他選一首最怪的歌，這樣看他女兒以後長大會不會莫名的喜歡這首歌。

真不知道這到底是為了滿足無厘頭爸爸的童心，還是害女兒長大以後被朋友嘲笑。那我現在寫出來到底又害了誰？

就這樣熬了39週又1天，終於等到在待產室裡等待寶寶出生的那一天，他興奮的坐立不安，不過他還是很Man的陪我度過22小時的產程。後來因為我先被推進產房裡準備，所以他必須在外面等到醫生準備好後，他才能進去。但是因為我花了一點時間才擠出寶寶的頭，所以他在外面緊張得來回走動，最後我姊説馬先生受不了，他自己跑去跟護士説，他要先穿好防護衣整裝準備進產房。

寶寶出生的那一刻，他比我這做媽媽的還感動，最後護士讓他抱著珈珈去嬰兒室，他説他在去的路途中跟她唱黏巴達，然後自己幻想是因為唱黏巴達所以安撫了寶寶，因為她一路上都沒有哭。

其實過去產房並沒有很遠，所以她要哭也哭不了多久，就被送進去清洗，珈珈剛出生時沒有跟我母嬰同室，她是住在保溫箱，所以待我生完後隔天到了嬰兒室探訪時間時，馬先生就把我丟下，帶著相機興奮的去找女兒了。後來待我稍微可以起來走動以後，他陪著我去餵母奶，有一次我請護士讓他把母奶裝瓶餵女兒，但因為剛開始小孩習慣親餵，所以邊哭邊頂馬先生的胸部，然後馬先生就用洋腔洋調的國語說：「Papi媚油牟奶啊……」剛開始我們還聽不懂，後來才知道他是說，他沒有奶，要他女兒不要頂他的胸部。

後來跟我到月子中心，他除了大開眼界享受月子中心的舒適與對寶寶的專業照料以外，他也樂在其中，跟著護士學換尿布學餵奶跟拍打嗝。月子中心裡都知道這個老外爸爸每天貼著窗戶看他女兒，而我就正大光明的賴在床上，讓他半夜起來餵奶哄小孩。不過男人畢竟還是男人，再怎麼樣super Daddy，也比不過媽媽來的仔細──有幾次發現寶寶小屁屁的細縫裡還留著便便。

剛從月子中心回家時，他很努力做他的超級老爸，只要小孩一哭他就會探頭去看，然後要我掏奶餵。不管規律習慣，只要孩子一哭，他就直覺是肚子餓。

結果每次週末來台灣探班，都亂了我好不容易建立的餵奶時間。如果寶寶不乖乖喝奶，他就會緊張的要我問我的奶媽該怎麼辦。我第一次幫寶寶洗澡，他怕小孩冷到，所以把門窗都關緊緊的，然後還開熱水暖房，最後搞到我熱到發昏。剛開始我真的像是同時帶一個小的加一個大的，搞得我連產後憂鬱症都來不及有，就這樣熬到滿月。當我們回到香港後，這個超級老爸非常享受當爸爸：頭幾個月每天下班就等不及幫女兒洗澡，而且還不准我在浴室裡。他說這是他跟女兒的時間，由於我都上班，所以經過幾次搶女兒的爭吵後，我們決定分早晚班餵奶。這樣兩個都可以享受到親子獨處時間，還可以休息。

　　每個週末他最期待的，就是早上帶著珈珈去附近的咖啡店吃他的早餐，然後餵奶。有一次他說，一位中年婦人操著非常重的美國南方口音過來拍他的肩膀說「I congrats you and your daughter, you are such a good father.（我祝福你跟你女兒，你真是個好爸爸）」後來他說他看了一下店裡才發現，咖啡店裡只有他帶著這麼小的寶寶還邊喝咖啡邊餵奶。還會無聊的問女兒，點的是低卡還要不要加cream，不知道有沒有人做星巴克的奶瓶。

　　而我就很壞心地再度利用幸福來唆使馬先生每個週末早上都要帶他女兒去咖啡廳恩愛，這樣我就可以繼續睡懶覺，馬先生說他有一次下班在搭地鐵回家的途中，因為想到女兒突然感動落淚。他說他很感謝老天賜給他一個健康的女兒。然而這個還不太會說話的小朋友一舉一動都是她爸爸的驕傲。

　　不難想像的馬先生已患了新手爸爸症後群，如同台語俗話說，生一個小孩爸媽會說謊三年，我很能確定的是，當馬先生跟我說，我當時才11週大的女兒聽得懂他的話時，我相信這應該是他自己幻想的。她這老爸以為她女兒是天才。

　　生產後幾個月才第一次留下小孩跟馬先生獨處外出回來看到他累倒在沙發上，然後珈珈安穩的睡在睡籃裡，茶几上還擺著喝完的奶瓶而奶嘴掉在地上，沙發的靠枕亂七八糟，電視低音地播放著MTV音樂台，客廳像是龍捲風掃過，我心中好氣又好笑。我家這個天才老爸，雖然自己像是個大小孩，不過有他這樣投入，與我分擔帶小孩的責任時，我真的覺得很幸福。

我的達令是老外

●‧●‧●‧●‧●‧●‧●‧●‧●‧●‧●‧●‧●‧●‧●‧●‧●‧

　　從小到大，即使生長在天母，甚至到紐西蘭念書後，都沒有想過自己會嫁給外國人。不知道為什麼，自己就是沒有想過會跟一個非台灣人相戀、結婚，甚至有小孩。

　　以前看到異國婚姻的情侶夫妻，也沒有想過自己會步上這樣的道路。但是老天就是在我人生中開了一個小玩笑，讓我認識了一個義大利人。而且奇怪的是，他身上的特質完全是80%融合我自己的爸爸，跟20%紐西蘭的寄宿爸爸。

　　有人曾說過，女兒最終都會找一個像自己爸爸的人嫁，每次聽到這種說詞時，我都很佩服自己找到一個剛好融合我成長背景的老公。義大利人總是給我們亞洲人一種浪漫又花心的印象，我在這必須鄭重聲明，我在義大利遇見的男性友人，不管是未婚還是已婚的，沒有一個是特別花心。

　　在我身邊認識的義大利男人，只要認定了對方，通常都很專一並且都很顧家。但是你要是問我，他們是不是比較浪漫，我只能說全世界的男人都一樣，結婚前，愛搞浪漫搞情調，各式花招樣樣做得來，但結婚後，浪漫不知不覺就變成浪費的代名詞。在嫁給馬先生以前，他也曾搞過灑滿玫瑰花瓣點蠟燭這招，但結婚後，連買束花都嫌浪費，更別提情調可言。

　　當初認識馬先生時，我從來沒有想過會跟他走在一起，那時我因為去上海實習寫畢業論文，在那裡遇見大學剛畢業，也來上海實習的馬先生。起先我們跟其他公司同樣來自外地的同事，常常混在一起吃飯打屁，直到他在聖誕夜我們一起搭地鐵的路上，突然問我最近有沒有見到我爸。

　　我當時疑惑的回答沒有，然後他又尷尬的問我週六要不要跟他出去，我想都沒想的說好。因為我當下以為他問我週六要不要一起出去玩，壓根不

懂他的詭計，直到在聖誕趴上，跟我法國友人講說馬先生怪怪的行徑後，才被我法國友人點醒說，你到底是真不知道還是假不知道？他是要你做他女朋友耶！我那時還回怎麼可能？我們不是每個週末都混在一起？直到當天赴約後，我才知道自己上了賊船，原來他會問我有沒有見過我爸，是因為一次聊天時，我笑說我長相蒼老，因為未滿18歲時，有一位荷蘭籍的攝影師要求送我回飯店，當時那名攝影師是爸爸的公司請來拍廣告的。所以當下我就回攝影師說，我爸在那你去問我爸。

誰知道這傻傻的馬先生以為，要先問我爸才能跟我出去，最後，當我們決定要結婚後，他還是堅持要特地跟我回亞洲，用他的破國語問我爸可不可以娶我。

我想我爸媽應該也是被這個人的憨厚傻勁給感動了吧！

直到現在，只要馬先生回來，餐桌上一定是馬先生愛吃的食物，但我想很快的，他的地位就會被女兒給取代了。

我沒嫁過亞洲人，所以無法比較嫁給馬先生有沒有比較好。對我來說，我們兩個因為可以用英文流利的溝通，所以在交流上沒有遇過什麼隔閡。即使在文化背景上，也都沒有起衝突過。飲食習慣我們都偏愛蔬菜不愛肉食，所以也沒有什麼好需要調適的。除了我喜愛的臭豆腐他無法苟同之外。也許我們倆都在18歲那一年搬離家出去住，所以很獨立，也懂得照顧自己。因此在一起生活近10年來，從來沒有在生活習慣上起爭執，加上我們都很宅，喜歡看電影、喜歡吃好料、喜歡藝術、喜歡看書，所以慢慢的，許多朋友都說，我們倆就是對方的那個另一半。

不過不管我們再怎麼契合，兩個來自不同家庭的人，無論文化語言或者是成長環境如何，都一定會遇上爭吵的過程，我的達令是老外，並不代表一切有如夢境般美好。我跟馬先生也是有爭執不下，吵到摔盤子，或者摔門出去的時候。並不是一路上都如此順遂，中間也是經過許多大大小小的事情，慢慢鍛鍊我們的默契與信任，一步一步走到今天。

其實兩個人之所以會在一起，一定是因為在某種程度上，屬同一類型的人，撇開國籍不談，會發現即使同樣來自台灣的夫妻，有的也是會來自南北兩個不一樣的地方。即使都是來自台北的夫妻，也是需要時間調適契合。這是因為每個家庭所給與的成長環境不同，並不是嫁給老外，就表示夫妻生活就比較和諧；也不代表老外就比較自私，所以真的不能以外表來斷定一個人。

嫁給老外會遇上的最大挑戰，就是雙方父母養老問題。我們目前旅居香港，到時等我們父母年邁、需要我們就近照料時，該如何協調處理，真的是個難題。即使我相信我們雙方的爸媽都會非常體諒我們，自己也會有自己的安排，但是為人子女的，也不能不履行照料的義務，爸媽從前為我們犧牲奉獻，給我們好的未來，等他們老了，我們當然也是需要將他們考慮在我們的人生計畫裡，縱使馬先生的弟弟也許會留在歐洲，得以就近照料，但是也不能把我們的責任簡單的托付給弟弟與弟媳，這是我跟馬先生不得不開始思考的問題。

除此之外，我們也會面臨到孩子對自我的認知的問題。我跟馬先生都不是混血兒，我們成長的背景很單純，但是我們兩個如此的相同，卻又南轅北轍。我們倆都必須做好心裡準備，知道我們帶進這個家庭的文化，在珈珈身上必定會減半。無論我們如何努力維持她的根源，到時待珈珈遇上自我認同的瓶頸時，我們能給予的支持，就是讓她自己去選擇。

我覺得在我們家異國婚姻之所以可以達到平衡，是因為我跟馬先生都是愛講話的人，我們不會把話放在心頭上，我們常常會互相和對方確認彼此的感覺。當然，時間教會我們傾聽，因為聽見對方的話，因此尊重對方其他生活的小細節，譬如像男人總是馬桶蓋忘記蓋，什麼東西都丟三落四，甚至臭襪子老是這邊一隻，那邊一隻的。

各位太太們，其實仔細想想，這些小事真的沒有很嚴重，而先生們，有時太太需要的只是你的一句「謝謝，辛苦妳了」。

夫妻生活要幸福，是需要雙方努力共同經營的。既然決定在一起，不管遇上什麼挑戰，兩個人一定要互相扶持堅持下去。

我要當媽媽了

●•●••●••●●••●●••●•●●••●••●••●•●•

　　故事是這樣開始的，在一次與記者好友們餐聚時，其中一位突然冒出一句「Victoria，從認識你到現在，我覺得你的人生缺的就是孩子，如果你有孩子一切都太完美啦。」她不知道當下的我其實已經懷孕八週，但礙於習俗我無法對她説「哇！你怎麼知道我懷孕了？」

　　跟先生認識了八年多，中間經過了畢業、結婚、搬遷等等人生大小事。生小孩這件事，我倆其實期待又害怕，我們期待把小孩養大成人的過程，但是又害怕我們無法給孩子一切。

　　現代人生小孩可不像以前父母生我們養我們一樣單純，以前我們小的時候，哪有什麼電腦網路。所有的資訊都是爸媽給的，最厲害也不過是任天堂的馬力歐。現代人的小孩，還沒出生父母就由胎教開始教育，期待他未來的成就。因此結婚三年多，我還真不知哪來的勇氣接受這個挑戰。

　　發現懷孕的那一天，我剛好出差回來，梳洗完後隨意驗了一下驗孕棒，由於之前幾次都沒有出現雙條線，所以也沒有特別期待，只想如果又失敗，那只好繼續努力。從沒有想過，懷孕是件這麼不簡單的事。

　　以前學校只教我們如何防範，好像一次沒有做好安全措施就會中頭獎般。完全沒提過其實要發生並不是簡單的天雷勾動地火就行了，不過那一天老天賜給我們雙條線的當下，我不知為什麼突然冒冷汗，有點好像做壞事被抓到一樣，直到自己跟自己説「天哪！真的發生了。」當馬先生聽到消息的那一刻，他感動到抱頭痛哭，情緒激動的連我都不知道該怎麼辦。

　　我還以為自己會像電影情節一樣，跳起來説：「我懷孕了、我懷孕了」，但是不知怎麼了，我完全愣住，只是看著感情豐富的義大利人在那又驚又喜。就這樣，我們開始找婦產科。在香港必須先到家庭醫生那拿診斷書

後，到專科醫生接受治療追蹤，這樣私人的醫療保險才能給付。不過在這裡人生地不熟，哪位婦產科好、到哪生小孩，對我們來說像是一門複雜的課題，不像台灣大部分的人會考慮家附近的醫院生產，因此就找醫院的婦產科醫師接生。

在香港因為是私人保險系統，因此每家醫院的品質跟醫療器材參差不齊，為此我們發狠想說找名聲好的私家醫院總行了吧？

沒想到，在香港不僅工作競爭，連生小孩也要競爭，生小孩的床位也是要搶的。換句話說，當產婦懷孕三個月左右，就必須與心儀的醫院繳付訂金訂床。要在人氣醫院訂床位，可是要靠關係才等的到。而且有些醫院連生完後，訂金都不會退的。更誇張的是，有些人氣的私家醫院如果生產過程中遇到緊急併發症，還不見得有足夠的醫術與器材能夠應付。不僅如此，在香港私家醫院生產所需的費用居然要數十萬台幣，而這只是簡單的自然產，不包括無痛分娩加三天住院費。

在經過幾個禮拜種種的挫折後，我們決定回台灣生產做月子。在決定回台生產後，心情愉悅許多。也因為對台灣醫生及醫術的信任，心中的緊張也舒緩許多。在懷孕的過程中，我與孕吐相伴了七個多月，每每吐完後，就繼續該做的事。吐到最後，如果一天不吐還覺得怪怪的。

還好近八個月左右，神奇的一天醒來後，孕吐就像是從未發生過的事一樣，離我遠去。懷孕期間我最享受的就是每天想如何打扮讓自己看起來不像是笨重的孕婦。

懷孕也要漂亮穿衣服

不過不知道為什麼在亞洲，孕婦們都必須穿像米袋般的連身洋裝配一雙麵包鞋。雖然我不是要像歐美孕婦一樣，露肚子做日光浴，但是時尚一點的牛仔褲，或者是一些簡單舒適的洋裝，不知道為什麼只能在歐美的網站上才找得到。

在台灣香港的孕婦服裝店，找得到的幾乎是米袋型的，要不然就是粉色系蕾絲在肚子邊圍一圈像窗簾般的洋裝。

為什麼孕婦不能穿短褲、穿長裙、穿時尚點？懷孕是一件很美的事，為什麼要把自己包得緊緊的？難道不能昭告天下，我是一位美麗的俏孕婦嗎？到現在生完看到穿米袋的孕婦走過，都還會忍不住想笑。

真的對不起喔，我長這麼大，我在懷孕期間第一次感覺到自己打從內心的美。懷孕是一件很令人快樂的事，應該反應在穿著上。這不是什麼虛榮心，其實只要找對衣服版型，即使不是孕婦裝，都可以穿得舒服又美美的。

好吧！我在時尚圈工作，你能想像一個穿米袋衣的孕婦說服時尚記者說，我們最新產品很讚嗎？

還有令人惱人的事，就是有莫名其妙的人，會隨意的伸手摸我的肚子，要不然就是問我懷的是男是女。

也許在國外長大，所以學習到尊重別人的隱私，不會去問過別人沒有提起的事，遇上朋友懷孕，基本上會祝福他們。

關心孕婦好不好，聽聽他們懷孕的趣事，我並不會在沒過問對方的情況下，就觸碰朋友的肚子，也不會主動提問肚裡的孩子是男是女。因為有些父母自己並不想知道懷的是男是女，他們想要留給自己一份驚喜。如果這時去搓破他們的期待，只是滿足自己的好奇心，並沒有尊重對方家屬的決定。

我到最後真的受不了大家的關心，最後幾個月都寧可躲在家裡不願出去，因為不想受到侵犯，也不想搞壞友誼。不過還好家裡的人並不迷信也算開放，所以在飲食上並沒有太規範我。

基本上他們只要我飲食均衡，遵從醫師指示，搭配維他命，即使是吃所謂傳統不准的「冷食」也無所謂。

記得剛懷孕沒多久，我看著menu想吃我最愛的綠茶冰淇淋，內心掙扎是否可以吃時，我媽就說，吃一點冰的可以幫助孕吐。當下就覺得如釋重負，但是我也不是啥都吃，生食、咖啡、酒類這我都完全迴避。

雖然熬到最後我會搶我同事的espresso來聞一聞，爽一下。但為了肚子裡的寶寶，我還是真忍了下來，不過在這迷信的香港，我吃冰淇淋的舉動像是嬉皮一樣自我。

公司裡不管是已生過小孩的媽媽，或者是年紀比我小還未婚的女同事都說，我不是個乖孕婦，好像我犯了什麼大忌一樣嚴重。

最後他們只好放棄，怪罪我嫁西方人，所以思想被西化。他們可不知，我爸媽還比我先生來的開放。雖然是考慮了許多年才下定決心懷孕生子，在懷孕的過程中，心裡雖然擔心老天會終止我的孕程，但39週裡我每一天都感謝老天賜給我健康的寶寶。可能是感恩的心磨掉了我這處女座完美主義跟吹毛求疵的個性，我先生說自我懷孕後，我像是變了一個人，原本緊張的個性，突然變得隨遇而安。可是他不知道的是，對我來說懷孕是一件大自然中再自然不過的一個階段。

雖然每一天我都以感恩的心渡過，但是我也準備了接受老天安排的挑戰。不管如何我都得面對。當然我很慶幸，懷孕過程裡我不需要做艱難的決定而平安的生下寶寶。但是這也並不代表，接下來寶寶成長的過程中，我不會遇到挑戰。應該也是因為這樣的想法，所以我才需要花這麼久的時間調整心態，接受懷孕一事。

我不希望草率生子，在孩子都呱呱落地後才後悔。因為這不是玩玩別人家小孩後，可以把小孩還給他父母。做父母是一輩子的工作，沒有週休二日、沒有上下班的時間、沒有辭職不幹、轉頭走人的機會。

一旦決定了，只能往前走，每一個人生子的原因都不同，但是我並不希望生子只是為了傳宗接代，因為我想要去享受這個美麗又沈重的過程。

不再是兩人世界的婚姻

● ● ● ● ● ● ● ● ● ● ● ● ● ● ● ● ● ● ●

　　九年多前跟馬先生認識的時候，我還是大四生，還在準備畢業論文，而他是剛畢業沒多久，才初踏入社會的新鮮人。而在一起後的兩個禮拜他就跟我說，他覺得我們的小孩一定很可愛，所以八年後，當他見到小孩的那一刻，他感動到無法言語。

　　當時我完全沉浸在初為人母的喜悅裡，回家後看到馬先生很積極的學習，帶小孩照顧小孩，覺得自己真的很幸福。完全不覺得，先生積極照顧小孩會是一個問題，

　　直到四個多月過去，我發現馬先生疼愛小孩到一個老愛跟我搶小孩的境界，而且還會很小氣的跟我說，剛剛你已經抱了十五分鐘了，現在該我，要不然就是每個週末早上，他要帶珈珈去咖啡廳，不准我跟，然後父女倆就在咖啡館裡，大的喝咖啡，小的喝牛奶。

　　再不然就是跟小孩出門時，父女倆衣服一定要互相搭配，以前不愛戴太陽眼鏡的他，現在只要帶小孩出門即使沒太陽，他還是要戴上裝帥。朋友跟家人都說這樣的爸爸是好爸爸，我可以安心的出差，也不會忙上班還要趕回家帶小孩，可是沒有人想到，我懷胎十月還是用超有機的方式，一滴麻藥都沒打，自然產下珈珈，我也想抱到小孩啊，我又沒叫辛苦，為什麼大家都稱讚這樣的爸爸是好爸爸呢？

　　難道媽媽照顧小孩、疼小孩是應該的，而忙碌的爸爸照顧小孩疼小孩是值得鼓勵的？

　　跟馬先生在一起九年多，住在一起也有八年，兩個人已經很習慣對方的生活作息，過去這些年來，從未針對生活小事爭執過，但是有小孩後，已經有數不清不少大小聲的爭執，而吵架的內容從來不是因為照顧小孩的方式不

同，每每都是因為他指使我只能有一天或者限時分配我與小孩相處的時間。

　　突然我能體會「女兒是爸爸前世的情人」這句話。在懷孕時，書裡有說，很多爸爸因為家裡多個小孩，通常會覺得受到媽媽的冷落，可是在我家，則是做媽媽的我像是被拋棄在一旁，明明沒有離婚的兩個人卻是像在爭撫養權一樣，分配與小孩相處的時間，最後不得不開家庭會議認真的討論這個問題，因為兩個人都出自於愛小孩、疼小孩的心理，加上兩個人的工作時間都很長，週一到週五和小孩相處的時間，真的是在搶每分每秒，而我們又是那種，什麼都自己來，可以自己做就不會麻煩褓姆做的爸媽，所以到週末時，為了誰餵小孩吃飯，誰為小孩穿衣，小到出門誰推娃娃車都可以爭。

　　最後我們達成協議就是，該做的像餵奶、洗澡、穿衣服等，我們不分誰來做，只要一方有空就去。如果想要跟小孩單獨相處，就明白的跟對方說，請對方迴避，但是不是用指使或者冷落的方式。

　　這讓我想到，每個新手爸媽都會經過家裡第一次多一個小小成員的過渡期。在亞洲，身邊認識的新手媽媽因為民族性的關係，很多都是從早到晚獨自一人面對小孩。而辛苦下班之後，回家的先生也許會多少幫忙一點，但是幫的忙就是只有一點點，絕大多數的爸爸們，應該還是過著沒有小孩時的生活：下了班回家看個電視，上個網洗個澡以後，上床等老婆來親熱一下，而這時跟小孩奮戰一天後的媽媽們每個上床都倒頭就睡，哪來的閒情逸致跟對方親熱呢？

　　也因為如此，許多新手爸媽在孩子出生後夫妻的「功課」常常被忽略，如果是跟公婆住的夫妻也許多少有人手幫忙，但是如果觀念與價值觀不同的時候，很多媽媽會覺得像是孤軍奮戰，心事誰人知曉般的寂寞。

　　我聽過比較嚴重的是，爸爸老是忙於工作，即使全家要坐長途的飛機回公婆家，先生都是隔一天自己去，而辛苦的媽媽要帶兩個未滿兩歲的小孩與褓姆，穿梭在飛機場裡轉機後又登機。長期下來，這個媽媽因為對先生的憤怒影響到與小孩的關係。即使她是每天在家的家庭主婦，常常都會把小孩丟

給褓姆，最後因為忌妒小孩與褓姆過度親密而開除這個褓姆。就這樣一直惡性循環，換了不少褓姆。

這應該不是個案，想去開導這個媽媽，但是只有她想通了沒有用，先生沒有給予支持，這個結是永遠打不開。

讓我比較疼惜的是那兩個小孩，好不容易可以從一位褓姆身上得到小朋友需要的關愛，有一天褓姆突然不見了，而精神受創的媽媽又無法給予小朋友關愛，更別提很少注意過小孩需求的爸爸了。在亞洲，很多爸爸的觀念就是，我讓你衣食不缺、唸最好的學校；我給媽媽最昂貴的珠寶、最舒適的生活，我辛苦賺錢還不是為了這個家。但是問題是，錢買不到快樂，錢買不到小孩對家庭所需的安全感，等孩子長大，也是用同樣的方式，逢年過節只塞錢給年老的父母，卻不曾回來探視，到時該怨誰呢？

新手爸媽甚至爺爺奶奶們都需要時間適應這個事事都需要大人照料的小朋友，所以大人之間更需要互相體貼，譬如，有豐富經驗的祖父母們與其教育晚輩們按照自己當年拉拔小孩的經驗來要求他們，不如聽聽他們年輕人的想法。

我自己的爸媽和公婆就很尊重做媽媽的我，一接到小孩，第一句都會問我，要他們如何餵奶換尿布，甚至與小孩互動。當我不知道該怎麼做的時候，他們會跟我說當年他們怎麼做，讓我參考，但是並不會要求我一定要這麼做。不過，也是有會抓狂的時候，尤其我婆婆是超級緊張的人，有一次小孩只是那天胃口不好，她堅持我一定要打電話問小孩的醫生，一點小問題都搞得好像很嚴重似的，讓我很緊張。

現代人有很多生活小玩意，讓爸媽照顧新生兒時可以更方便更安全，而這些東西很多都是長輩沒看過的。

以前哪有像現在有這麼多有的沒有的？我幫珈珈買的東西，有一半我爸媽以前根本沒看過，更別說他們會知道要怎麼使用。但是最重要的還是另一半的支持，其實並不是所有大男人都懂如何搞小嬰兒，尤其脖子還沒有硬，

還像果凍一樣軟綿綿的，絕大多數沒常常與小朋友接觸的，一定都很怕。

　　所以這時的爸爸們與其彆扭的幫忙照顧，不如照顧媽媽。誰說男人下班回家餐桌上一定要有五菜一湯？誰說家裡一定要媽媽打掃到一塵不染？其實爸爸也可以張羅吃的，也可以收拾一下東西，家裡每個人都有自己的角色，不是只有懂把屎把尿的爸爸是好爸爸，懂得體貼媽媽，懂得在適時出手，照顧媽媽的，也是該鼓勵的好爸爸。然而當有一方不愉快的時候，真的很需要坐下來溝通，因為累積工作壓力的爸爸，加上累積心事的媽媽，是不能給小朋友安定的環境快樂長大的。有了小孩的婚姻也許剛開始還是會跌跌撞撞，但是只要夫妻與長輩們有共識，互相體諒與了解，就可以一起渡過這適應期。

女兒是爸爸前世的情人

●●●●●●●●●●●●●●●●●●●●●●●●●●

女兒是爸爸前世的情人這句話，在我們家是完全印證。而且每次一家三口出門去，不知道怎麼樣都會變成這樣的場景——爸爸與女兒幸福快樂的抱在一起，然後媽媽我就是推著娃娃車背著媽媽包，手裡再拿買的東西，左推又抱地跟在後面。

連下公車都得提醒馬先生幫忙，不然我就得當起女超人，自己徒手把載滿東西的娃娃車給搬下車。然而，認命的我也就接受這自古以來的說法，讓馬先生與珈珈去享受，不去爭寵。

直到馬先生第一次出差的那一個禮拜，我明顯感受，珈珈有多麼的想念她老爸。因為我不是早起的動物，所以自珈珈出生至今，早上六點第一場的餵奶都是馬先生在做，而我就是負責晚上的那一場。中間我出差過幾次，也沒聽褓姆馬先生說珈珈是如何地想念我。所以，我當時想應該不成問題，只要晚上珈珈幾點睡，我就跟著幾點睡，這樣早上六點一定起得來。

第一天早上珈珈看到我還有點小錯愕，驚訝在平時會看到爸爸的時間看到我，所以有新鮮感。第二天早上，新鮮感依然在，不過開始會探頭探腦的找馬先生。

這時我跟珈珈解釋，爸爸出差工作去了，但是過幾天就會回來，不知到珈珈到底有沒有聽懂。她看看我講完後，轉身就爬去玩了。

沒想到第三天早上六點多我聽到珈珈在她房間磨蹭，所以我就去看她是不是要喝奶了，沒想到，她一看到我就一臉失落，原本的新鮮感頓時變成怎麼又是你的表情，嘴巴喃喃自語後，就一臉趴倒在枕頭裡，側著臉眼睛盯著我。當時我看了很心疼，因為我知道她在想爸爸，所以我摸摸她的頭，跟她說爸爸必須出差去工作，所以沒有辦法早上陪珈珈玩。說著說著，她就闔上

眼睡著了。

第四天早上她比平時睡晚了一個鐘頭起來的時候，褓姆已經來了。她看到熟悉的褓姆來後，一直對著褓姆講娃娃語。

這時我正好準備要出門上班所以房間門開著，結果沒想到第一次聽見珈珈開口叫爸爸——她爬進去我們房間左探右探，爬上又爬下的尋找著爸爸，嘴裡還一直唸著dadi-dada-di-dadi。這舉動真的是讓我既好笑又心疼。

終於熬到最後一天早上了，珈珈失落的心情已經好幾天了，所以這天早上又再度看到我後，她完全面無表情，也不發一語的讓我抱起，雖然心裡很吃味珈珈這樣，不過想說她心裡應該在想，平時都是媽媽會突然不見，為什麼現在是爸爸突然不見。小小的她，應該還很難理解出差的意義。因此馬先生出差的後半段，珈珈都非常的黏褓姆，因為只有褓姆很準時固定出現，不會突然不見幾天。

即使褓姆不在的時候，爸爸媽媽兩個人一定都在，對她們小朋友來說，根本還不懂我們大人世界的遊戲規則，當然也無法理解週末與上班日的不同。所以她可憐的小小心裡應該很受傷，疼愛她的爸爸不見了好幾天。

當馬先生出差回來的晚上，我很興奮的把珈珈先洗好澡餵好奶，也提醒馬先生早點回家，當馬先生進門的那一剎那，珈珈憂鬱的臉突然被可愛的笑容給佔滿，她伸出雙手摸著爸爸長滿鬍子的臉，不可思議的看著爸爸，而馬先生也興奮地跟她親阿親，沒想到，這時珈珈突然變得很害羞，一直低著頭不好意思看馬先生，頭就一直往我身上靠。

待馬先生梳洗後要來抱她跟她玩，不知道是因為晚了珈珈累了還是真的很害羞，珈珈一直不好意思讓馬先生抱她，一直躲在我懷裡偷看著她爸爸一舉一動，也許是因為失去了好幾天的爸爸，突然出現了，她因為無法理解而感到害怕吧！

隔天早上，我跟馬先生說，不管他怎麼累，務必一定要早起去房間接珈珈起床。隔天六點一到，我就聽到監聽器裡傳出來的笑聲，因為珈珈期盼已

久的爸爸終於又在早上來接她。

　　不過馬先生的新工作非常繁忙，也比之前更常加班，因此我們說好分擔早上餵奶的工作。過了幾天都是爸爸的早上，一天因為馬先生前晚外出拍攝回到家已晚，做太太的我想體貼辛苦的馬先生，因此即使再怎麼不想，我還是六點爬起來去接珈珈起床，好讓馬先生可以多睡一點，沒想到珈珈一看到我就說出Dadi，然後指著門口，早起又被女兒退貨的我，故意對著監聽器冷冷的、很大聲的對女兒說：「Dadi？你Dadi不在，沒有。（因為珈珈只聽得懂有沒有）」就是要讓馬先生聽到。不死心的珈珈經過我們房門時，還對房裡探了一下又再說一次Dadi，我就再次冷冷地說：「你Dadi不在。」，然後關起房門。真的是好氣又好笑，這小妮子這麼堅持早上一定是爸爸的時間。

　　待珈珈喝完奶後，我陪著她看書，過沒多久睡意還是很重的馬先生，因為聽到女兒找他捨不得睡，只好爬起來跟她玩。睡意也很重的我就轉頭爬回床上去睡，結果這臭馬先生幫珈珈換衣服時，不知道是忘記監聽器還沒關還是故意地逗女兒說：「嘿嘿，你要找Dadi喔？」我就拿起監聽器的對講機罵人，在馬先生心目中，沒有比他女兒更完美的人。珈珈的一舉一動對馬先生來說，完全是不可思議。現在的馬先生一想到女兒開口說話的那一天，他就會眼眶含淚，而機車的我，都故意在他很感傷時故意說，你因為珈珈開口講話就哭，那等到她上國小，或者大學離家，畢業工作結婚生子，你要哭幾遍？這時馬先生就會很氣的說，不要再說了，我光想到就會哭。」

　　在我們居住的愉景灣，我的朋友常在週末，看到光著兩隻腳的父女在咖啡店裡享用早餐。一個手握咖啡杯，一個手抱著奶瓶，馬先生還會很無聊的問珈珈低脂牛奶要不要打成泡泡，自言自語。不然就是兩個人跑去游泳池泡在水裡，然後在泳池畔牽手睡午覺，再不然就是兩個人跑去中環買東西。

　　他們父女倆恩愛的畫面，每週末必定上演。當然珈珈有個疼愛她的爸爸，真的很幸福。而我有個會幫忙的先生，讓我週末有得以喘息的空間也是

很幸福。總之我只能說,女兒是爸爸前世的情人,我也只能接受。然後偷偷希望下一胎生個男兒,讓媽媽我,也享受一下與前世情人重逢的幸福感。

全家放假去

●・●・●・●・●・●・●・●・●・●・●・●・●・●・●・●・●・●・●・●

　　珈珈出生到現在每次出國都像去博覽會參展一樣，讓家鄉的眾親友看看我跟馬先生生的小孩。所以每次的行程都是這裡趕，那裡趕，給姨媽姑婆叔叔阿姨看個夠，而在短短滯留的期間，還不能只看一次就算了，抵達時先拜訪一次，離開前還得去請安。

　　所以每次回到香港，我們一家三口都累到需要一個假期來回復精力。我們這次剛好在馬先生新工作上任前的空檔，去了一趟沙巴的亞庇（kota kinabalu）。

　　由於我跟馬先生都屬於懶人一族，所以我們選了一個在離島上較隱密偏僻的小型渡假村，來一趟一家三口，五天四夜的SPA之旅。出發的當天，由於飛機是傍晚的班機，所以我們可以在出發的早上慢慢的準備行囊，下午到機場。我們算了一下時間，不早不晚的去機場，只不過這次搭的班機，是由香港國際機場的第二航廈check in，而我必須要大聲的抱怨一下這個航站——我從來沒有去過一個這麼複雜的機場，上上下下左左右右過關斬將，還要搭快捷。最後不可置信的是，輾轉一番後，我們竟然又回到第一航廈，由第一航廈的閘口登機。

　　好在娃娃車沒有先寄關，可以將珈珈放進車裡推著跑，所以平時從第一航廈只需40分鐘左右的時間，由check in到閘口在這完全出乎意料之久，加上原本算好提早到閘口餵珈珈晚餐，最後因為這樣，只能推著因為飢餓而哭鬧的珈珈上飛機。

　　上飛機後還好旁邊的座位空出來，所以可以讓珈珈自己坐，不過也許是飛機小，起飛後震動跟聲音都比較大一點，所以飛行期間，珈珈怎樣都不肯自己坐，只好馬先生全程抱著到睡著。

　　三個多小時的航程雖然不長，但是抵達時間已經晚上九點多，剛好是珈珈平時睡覺的時候。加上下大雨，還好當地的飛機場非常小，有如我國的離島機場，所以通關速度很快，沒多久我們就上了酒店的接駁車，帶我們去碼頭。之後在磅薄大雨中，我們花了約20分鐘終於到了這個渡假村。

　　由於渡假村非常小，只有30多個房間，所以酒店人員讓我們隔天再辦理入房登記。進到房間真的覺得很舒服，因為我們獨棟的小木屋就在海上。雖然外面繼續下著大雨，但是可以感受到海洋中的寧靜，而酒店的人員很親切地跟我們說，不用擔心天氣，他們說通常晚上下雨，到了早上，就是晴朗的好天氣了。

　　就這樣，我們迅速地整理行李讓珈珈睡覺後，我們躺在超大的床上，祈求天氣晴朗。

　　果然早上起來天氣晴朗，雖然不到晴空萬里的地步，但是至少沒有下雨，也許珈珈可以感受到渡假的興奮，所以平時出國都會睡懶覺到8點多的珈珈，6點就把我們叫醒，醒來後又很興奮地東爬爬西摸摸，最後我跟馬先生只好整裝帶她去吃早點。

　　這次去應該算是亞庇的淡季，而我們下榻的酒店裡本身房數已經算少的，旅客顯得也很少。因為這樣，每個服務人員都記得珈珈的名字，

　　每個服務人員看到她都會很熱情地叫她的英文名字—MIA。讓這個喜歡人氣的小妮子開心地揮揮手又拍拍手。

　　用完早餐後我們一家牽到泳池邊的發呆亭，一整天我跟馬先生就輪流去做SPA，不然就是帶珈珈下水去游泳，而這小妮子一見到泳池就開心到尖叫，兩隻手不停的揮動，小肥腿也不停的踢，下水後即使早晨的水稍嫌涼一點，她照樣玩的很開心。

　　而在水裡的她完全不要泳圈，兩隻手搭在我們肩膀上，而我們就一手扶住她的胸，讓她保持頭在水面之上，另一隻手就扶著她的肚子讓她浮著。

　　然後珈珈就會左邊看看右邊看看，游累了還會像無尾熊一樣，兩隻小肥

腿盤繞在我們身上，讓我們在水裡走動帶她，再不然就是到泳池邊上，兩隻手撐在泳池邊看風景。

雖然我們大人很想一直泡在水裡，不過怕珈珈曝曬過度，所以每10分鐘就必須帶她上岸，躲進陽傘下，然後再噴大量的防曬油跟防蚊液，而一整天珈珈就吃喝拉撒睡在這發呆亭裡，到了傍晚我們回到房間梳洗一番後，才去用餐。

也許游泳跟陽光讓珈珈到傍晚都比較累，所以也比較「歡」比較黏，要我們陪她玩，念故事書給她。

但是時間一到，還是自己倒頭就睡，第二天我們決定去渡假村的另一個營區，那個渡假村跟我們下榻的在水上酒店不同，它是藏在森林裡的渡假村，從海上看過去完全看不出這裡是間酒店，每一間房間都是躲在深山裡，它前面有一條長長的海灘，海灘的一邊就是酒店的泳池，所以我們也是找了一個發呆亭，繼續在泳池與岸上活動。中間想帶珈珈去感受一下大自然的洗禮，而且這麼美麗的沙灘不去真的挺浪費的，可惜這小妮子剛開始還願意坐在沙灘上，不過被打上來的浪聲給嚇到，完全不肯碰地，邊大哭邊往我身上爬，怎樣就是不再下來，甚至連走在沙灘上也不肯。而這細細綿綿的沙，跟有如絲綢般的海水一樣，我們只好放棄，回到我們泳池邊的發呆亭。

這時的珈珈一回到泳池裡，又變回一條活龍，跟剛才在海邊的軟腳蝦樣完全不同。這時酒店的工作人員拿了一個小孩用的泳圈。我們就把珈珈放進去坐著，讓她在兒童泳池裡隨意漂，而她就很開心地在水裡，直到我們看時間差不多了，把她拎起來帶回下榻的飯店。

沒想到這小妮子一下船回到下榻的飯店，看到認識她的旅館員工們對她招手，她就像女王出巡一般，一直跟大家揮手，直到回到房間門一關，就開始「歡」，因為很累，所以一直找我們抱。

明明累了想睡，但又捨不得睡，最後我們只好五點多就去餐廳。不過她也很配合，吃完飯後倒頭就睡，所以我跟馬先生還可以享受一下夕陽。就這

樣短短五天四夜的假期，我們每天就是這樣非常懶散地度過。雖然感覺上好像什麼都沒做，可是卻換來親密的相處時光。

　　現在重複看著拍下的每一張照片，就感覺滿足愉快。生小孩前，每當有衝動，想要買名牌貨的時候，就想辦法存錢去買。現在有珈珈後我就會想，一個包十萬塊，背個幾次後，看到新的出來又會想要新的，不如拿那十萬去換一個一家人的回憶。尤其平時工作忙碌的我們，可以這樣不被打擾地，讓珈珈擁有我們全部的專注，真是一種享受。

時尚媽咪寶貝經

FASHION MOMMY
THE BABY BIBLE

香港養孩子

不打麻醉的有機生產

● · ● · · ● · · ● · · · · ● · · ● · · ● ·

2009／九月的某個週二
下午兩點十五分

　　和過去四個禮拜待產期間一樣，和我媽中午在高島屋吃飯，正要接著喝下午茶前去廁所一趟，進去前有第六感，覺得可能會發現落紅。結果果然是！發現時，心裡像是中頭彩一樣興奮，但是又不能在公共廁所裡大叫「YEAH！！！」所以就默默偷笑的走出來。不過那感覺很奇妙，因為不知道該高興還是害怕。高興是因為，回來待產，浪費了四個禮拜，終於給我等到了，害怕是因為不知道忍不忍的了生產的痛。

　　總之我馬上打電話給馬先生，我們什麼話也沒說。我簡單說了一句：「現在上飛機。」他說好以後，就切掉。原本想跟他聊一下緊張的心情，沒想到他就這樣把電話掛了。後來我看到我媽，我只說不能吃下午茶了。我媽看我的表情，就知道要生了。接著又打給姊，她很緊張的在電話另一頭說，啊！那現在怎樣要去醫院了嗎？我只說，請奶媽依習俗幫我煮顆蛋，但是被吐槽說，沒那麼快生之後，就這樣邊想還有誰要通知，邊上車回家。

　　一到家，我馬上準備住院的行囊，因為之前太懶了，剛回來待產時，有想過要準備行囊。後來因為肚皮一直沒有消息，所以就懶的繼續整理下去。其實我只有把要去醫院的東西堆在一旁，但是沒有認真想過在醫院需要什麼東西、搬去月子中心會需要什麼東西。最後生完才發現，馬先生陪我在醫院過夜的東西一樣也沒有帶。在這期間我媽一直很緊張問我痛不痛。啊！對厚我自己是忘了會先陣痛，認真的感受一下。沒啥感覺，只覺得下半身酸酸的。但說痛也不是，說不舒服也不是，之後姊姊帶著奶媽的蛋花湯來，然後

跟我媽兩個人很緊張的像隨時準備衝去醫院。我想他們電視看太多，以為生產就像是，第一幕—哇！破水了，第二幕—哇！產婦痛到哀哀叫，第三幕—護士抱著寶寶，到媽媽身邊，然後媽媽感動落淚。

還好，我之前有做足功課，知道生產沒有那麼戲劇化，所以隨便弄完行囊後，就按書上建議，把自己洗個乾淨。不過生完以後覺得，其實有沒有洗沒什麼差別，除非你生產前跑完馬拉松全身汗流浹背，不然在醫院冷氣其實是冷到不行，聞到都是酒精消毒味。

我媽因為生我時是看時辰剖腹，所以她不清楚自然產的過程。所以她跟奶媽一直要我趕快去醫院弄個清楚。最後凹不過他們，洗完澡還是先打了電話給產房通知一下，結果，果然他們要我再觀察，因為正常只有落紅，沒有開始大陣痛或破水。有時可以熬到一個多禮拜才生，所以為了快點生，我被命令，努力在家來回走，走到我頭快暈了，真的是皇帝不急，急死太監。

下午五點

因為姊晚上要上課了，所以我還是去醫院搞清楚狀況。因為好像有隱約的痛感，不知道是真的，還是因為被旁邊的人問到覺得好像有那麼一回事。到了醫院，上個禮拜因為沒有感覺到規律的胎動，所以有綁了機器的經驗。我們直接由急診室Check in，護士問我痛不痛，我回：「不知道誒，好像有點。」然後就進了待產室。護士內診說，才開了三公分，只好又綁機器測陣痛頻率跟寶寶心跳。我抓著護士的手說，會很痛吧，我要打無痛分娩。護士回說，要問醫生，不過要先先看我是不是今天要生再說。就這樣，我跟我媽躺在那，聽著機器嗶嗶叫，然後用手機追蹤馬先生航班情況。我媽在旁邊一直念經。

晚上七點

果然被退貨回家，因為陣痛還不夠頻繁，所以護士要我晚點再回去綁

機器。馬先生神奇的只花了四小時，就從香港公司到台北的醫院，順便接我們先去吃飯。後來聽他說，他那天早上有預感會飛，所以帶著一點換洗衣物跟護照去公司（後來發現他那個禮拜每天帶行李去公司）。然後在往機場路上，馬先生還是邊打電話給航空公司，拜託他們讓他上即將起飛的一班飛機，所以他是直接由辦公室走進機艙沒有停過。這是不良示範，出國還是提早去機場，以防萬一。

晚上八點二十

突然慢慢感覺到說不出來的不舒適，開始有點感覺了。原本馬先生和我媽有說有笑，突然我要他們不要理我，讓我安靜的痛，與其說痛，其實是陣陣的酸。

晚上九點

吃完飯以後，跟馬先生又再回待產室綁機器，護士看著子宮收縮指數到60，問我有沒有感覺，我說沒有太大的感覺。但是由於間隔還是在八分鐘，所以又再次被退貨回家。

晚上十一點

因為看著我媽跟馬先生來回踱步，比我要生的人還緊張，所以我要他們先去睡一下，而我留在客廳看電視，同時紀錄疼痛間隔。這時頭腦裡其實是空白，電視看了什麼也不記得。只知道要拿著筆，紀錄著每一次酸痛的間隔，但是不知道為什麼，自己內心一片平靜。每一次陣痛，我都跟肚子裡的寶寶說要她加油，因為對她來說，要破繭出殼也不是一件容易的事。我媽睡睡醒醒，很緊張一邊問我要不要去醫院。

隔天零晨三點

　　終於有點累了，原本我想到房間想躺一下。但是因為陣痛開始強烈，也持續比較久了，不過疼痛的程度，還可以忍，還不到要垂牆的程度。其實陣痛是酸，酸到骨子裡的酸痛，由脊椎開始酸到整個屁股，但是痛是沒幾秒鐘就沒有了。

凌晨四點

　　不行了，還是去醫院吧！

　　打電話給姊，要他晚點帶舅婆來醫院，因為自己感覺沒這麼快生。不知道為什麼，由陣痛到生產，我沒有一刻覺得很緊張。也許是要轉變成媽媽了，所以自己的心態頓時變得沉穩。到了醫院後直接綁機器，待產室裡只有窗簾隔間，旁邊一家很吵，一家三口擠在小小的待產室，大聲講話，躺在床上的孕婦拼命打手機，和她迷信的媽媽爭執說，今天不能不生，即使黃曆上不是好日子，自然產是小孩自己選時辰。爸爸則是累倒在一旁。即將要當哥哥的小男生，學校因H1N1停課，所以跟著大人來醫院，不過後來被護士驅逐出去。因為按規定，被停課的小朋友必須在家裡隔離，而不是跟著媽媽到醫院。加上待產室裡，還有其他高危險群的孕婦們，我聽到時，很想拉開窗簾大罵他們太自私了。不過痛到沒力氣罵人。

　　陣痛一次比一次強烈，盯著儀表上上下下的頻率，為了激勵自己努力下去，無聊到跟馬先生覺得，陣痛到破表很厲害。但奇怪的是，自己陣痛時沒什麼太大的感覺，這時疼痛指數好像也還在60到80左右。

早上六點

　　護士來說確定要住院，這時我媽跑去買燒餅油條給我吃，讓我補充一下體力。確定要住院時心裡有點小興奮，終於可以見到寶寶了，好險沒有三度被退貨回家，所以這時迅速換了很醜的產婦衣。不過為什麼產婦衣要做的如

此產婦樣？醜到像是桌布，所以我無論如何都拒絕照相。

早上七點

醫師來內診，我的媽呀，真是痛！！！！我覺得內診比陣痛還痛！醫生說開了三指，但是開的有點慢，所以幫我打催生。我問他預測啥時會生，醫生說中午過後。我的天哪！心裡有點怕，因為七點到下午感覺時間還好久。

我媽帶著早餐回來，拿一盒蘿蔔糕放在我胸前。這時，剛好陣痛幾秒鐘，馬先生跟媽媽突然靜止不動，看我痛。據他們說，我就安靜的低頭抿嘴忍痛，痛完後抬頭看到胸前的蘿蔔糕，就像啥事都沒發生一樣，開始吃我的蘿蔔糕。我想他們應該是在等我痛到大叫吧！因為以我平時Drama Queen的個性，我應該是會很戲劇化的大叫。

在陣痛中，馬先生說我還有閒情指揮他：不要把東西放在地上、外套弄好、手機充電等等雜事。這是因為躺在床上真的很無聊，那時根本沒有心情看書看雜誌，聽音樂又怕吵到旁邊的產婦。然後窗簾又拉起，根本看不到窗外，所以只好把注意力放在緊張到莽莽撞撞的老公身上。

吃完早餐後，護士帶我去「準備」。心裡有點緊張，因為不知道會發生什麼事。因為之前不想知道生產細節，所以當朋友們開始分享她們的生產過程時，我都要她們不要講，因為我不想自己嚇自己。

在護士幫我準備時，護士交代會剪會陰。我白痴的問會不會痛，護士說：你陣痛都痛過了，那個比較之下不會痛。我後來問護士，她們自己生過嗎？護士說，你怎知道我們回答的很虛心？我回說，因為你們說的時候不看我。所以我就逗他們說，不要輕易懷孕。後來被灌腸，有點不好意思，但是還是解決了。

中午

不確定幾點，好像中午前後，因為姊帶我愛的摩斯來了。不過這時陣痛

開始強烈，所以沒有胃口，而且我變得比較不想講話。

之後醫師又來內診看我開的速度。一拉開窗簾說：「咦？你還沒開始陣痛嗎？「我說有啊，痛的勒！」他回：「我看你躺的還滿優雅的。」蛤？這是我第一次聽到有人形容陣痛中的產婦可以躺的很優雅，那不然是怎樣的情況勒？早知道應該偷偷看旁邊的產婦是怎樣。醫生迅速幫我做內診，然後又幫我加強催生。我這時說：「我要打無痛。」但是醫生回：「我看你還滿會忍痛的，還是不要打比較好，那東西是有後遺症，能不打還是不要比較好。」剛好這時陣痛，醫生看著陣痛指數到90以上時，問我痛不痛我低頭抿嘴點頭，但是我因為沒有叫出聲，臉也沒有擠成一團，所以醫生丟下一句：「那就跟著護士做呼吸，差不多了，加油……」就走了。什麼！！！我的無痛分娩呢？？？

過沒多久又有護士來，說我幫你戳破羊水，這樣開的必較快。

痛！！！！！！！！他×的真的很痛！！！！！非常痛！！！！我痛到第一次大叫，我媽跟馬先生從外面飛奔進來說，怎麼了怎麼了，但是被護士擋在窗簾外。手伸進來的內診，真的比陣痛來的痛，不是開玩笑，加上沒打無痛分娩，每一個神經跟肌肉都感覺得到痛。

旁邊的待產婦有的也開始陣痛了，有個哭到沒力的哀求說，不生了，然後一直哭。我在旁邊感覺不是很好，我自己是覺得哭也沒用，已經太遲了，都走到這一步。你頂多就不要再生了，當下小孩都要出來了，難道她不知道生產過程會痛嗎？加上生小孩是一件喜事，怎麼可以說因為痛，所以不生了？聽著她的家人哄著她，當下真的很想拉開窗簾說，都要當媽媽的人，怎麼可以這麼不勇敢？如果只因為生產而膽怯，以後要如何保護小孩呢？也許因為這個信念支持著我，所以幫我度過生產的那一段。

姊後來進來探視說：「喂？誒？你好像還滿悠哉的嘛！」這時我對她比中指，然後抓著護士手說，打無痛分娩可以嗎？但是護士說，醫生在手術室，他說要你忍。事後和朋友聊天才知道，我的醫生應該在一開始就不打算

讓我打，因為我朋友說她在大陣痛前早就打了。厚！我那時羊水早被戳破，還以為還有希望，哪知道原來要打早就來不及。算了硬上吧！

下午一點多要生的前幾個鐘頭

我突然痛到尿失禁，這時痛到有點無力感，之後不知又過了多久，助產士內診時說，開九公分了，我幫你撐開剩下的一公分。這時我第二次嘶吼大叫的說，不要不要，我可以忍。我讓它自己開，事後跟朋友聊天，才知道很多有經驗的助產士，都不太理會新手媽媽的感受。因為對她們來說生產是常態，但是對我們第一次生孩子的媽媽們來說，真的很惶恐。振興的護士們都還算不錯，在行動以前都會先預告將要發生的事，所以助產士手伸進來前，一直叫我深呼吸深呼吸。不過我心裡還是ＯＳ：深呼吸個屁，根本沒用。

之後馬先生抱著我，跟著一名分派來照顧我的實習護士，一起吸吸吐。還好，沒花錢上什麼孕婦生產課。當下根本記不了這麼多，專心跟著護士就行了。

突然想大便。我這時心想，不會吧！這時想大便不很糗，所以不太好意思跟護士說。護士突然驚覺，你有便意？很厲害嗎？你要生了ㄟ，怎麼這麼快？

我的天哪！痛到最高點，我痛到筋攣，眼睛鬥雞。馬先生抓著我，要我跟他吸吸吐。當時覺得他好帥！好MAN！可是看的出他眼裡的害怕。

痛到下午不知幾點，我被推進產房，要趁陣痛期間自己爬到產台上很痛苦，電視裡不都是護士們抬你上台的嗎？產台怎麼可以這麼高？管不了這麼多，這時護士幫我在手臂埋點滴的輸入管線，說生完後要馬上打點滴，也管不了到底打什麼點滴，反正我痛到昏睡過去後又被痛醒，護士們什麼也不能做，只能等我把寶寶的頭擠出來。我隨手抓護士的手問說，還有多久？

助產士要我不要瞎用力，要我陣痛時才用力。她說這樣才不會浪費太多力氣，其實這時怎樣都痛，我也分不清楚什麼時候是陣痛，所以助產士摸著

我肚子，要我用力時，我就埋頭用力，然後她用力按壓我的肚子，幫我把寶寶擠出來。我真的不知道我當時哪來的冷靜與毅力，我還真的給它很認真的配合。

突然有護士說：「加油，看到寶寶的頭了。」我還有力氣問，什麼顏色的髮色，因為很好奇混血兒的髮色是什麼顏色。助產士打電話催醫師來接生，過沒多久醫生悠哉的進來了，順便問我還行吧？之後就幫我先在產道附近打麻醉剪會陰。這有感覺，醫生還很白目的說，你有感覺到痛。喂！醫生大人，打局部的麻醉又不是半身麻醉，當然感覺的到痛。之後馬先生全副武裝帶著相機進來了。

就這樣，沒幾分鐘後，寶寶被抓了出來。馬先生感動到頻流眼淚，我累到沒感覺，攤在那。護士們把珈珈放我胸前，我只感覺好重，不知道是因為她的體重，所以我感覺到重，還是初為人母的責任，所以感覺得沉重。珈珈靜靜的趴在我胸前，我可以感覺得到她熱熱濕濕的體溫。護士們馬上讓她學習吸奶，她還真的找著要吸。我摸摸她的手，和她說「Ciao La Mia Principessa（妳好，我的小公主）」。馬先生這時在我身邊猛拍照，我以為我會像電影裡一樣感動到哭，但是沒有，我好像情緒累到被鎖住。沒有大幅度的情緒，只有感受到一片寧靜。

之後護士讓馬先生抱著珈珈帶去嬰兒室，而我則是被推到恢復室。還好只有我這個產婦，所以很安靜。不過隱約可以聽到隔壁待產室有產婦大叫，我不要生！！！不知不覺我昏睡了一個多鐘頭之後，護士就把我推到病房。肚子像洩了氣的皮球，軟趴趴的。我五歲的姪女來看我時，還掀起我很醜的產婦衣，想看底下的肚子到哪去了。

珈珈出生後，馬上被送入兒童重度病房的保溫箱，因為台灣很少生出4千克、55公分的健康寶寶，所以要檢查是否有糖尿病。還好沒有，只是單純因為爸媽大隻，所以寶寶大隻。目前為止聽說我們還是紀錄保持人。

不過珈珈出來時因為繞頸兩圈，胸腔有嗆到一點羊水。所以需要氧氣面

罩，因為繞頸，所以當時醫生必須迅速把珈珈抓出。因為這樣，左肩瑣骨有點骨折，不過還好沒有傷到神經。

到病房探視她時，看她靜靜的睡在保溫箱裡，旁邊心跳偵測器嗶嗶跳著，心裡還真的不捨。不過不得不承認，看到隔壁保溫箱的寶寶都小小隻，我們家珈珈已佔據保溫箱大半的空間。連隔壁寶寶的阿公都還問我媽，你們家的寶寶看起來這麼健康，也要住保溫箱嗎？就這樣，珈珈像是寶寶裡的大王，在那住了五天。

從落紅到生產22個小時，以完全自然的方式生下了珈珈。對於無痛分娩，我真的不知道該打好，還是不該打。我想這我還是留給醫學界去辯論吧！但是選好與自己有共識的醫生很重要，因為當初就是因為喜歡這醫生崇尚自然的態度而選擇他，現在也很感謝醫生與護士們的鼓勵，也不得不佩服自己的毅力，要我再一次，我不知道自己有沒有辦法用同樣的方式再走一回。

後記：每次回來看這篇，自己心裡都還是很澎湃。因為看著身旁活蹦亂跳、咿咿呀呀的珈珈這樣來到世間，心裡的感恩真的言語難以形容，而生產那天也感受到滿滿的愛，也讓我慶幸，還好決定回台灣生產。有家人在身邊，真的安撫不少緊張的心。

月子中心

● ‧ ● ‧ ● ‧ ● ‧ ● ‧ ● ‧ ● ‧ ● ‧ ● ‧ ● ‧ ● ‧ ● ‧ ● ‧ ● ‧ ● ‧ ● ‧ ●

　　中國人的習俗就是生完一定要坐月子，這是千年以來的傳統。好吧！我不知道有沒有千年，但是，這傳統最少有盛行百年了吧！所以不管在香港或者台灣我都得坐月子！

　　其實我自己不怎麼排斥坐月子，雖然義大利沒有這樣的習俗，但是馬先生能理解產婦產後需要休息，加上我媽不懂傳統繁複的坐月規矩，所以也讚同我去月子中心。好在台灣現在的月子中心都非常優秀，剛好離家走路就到的醫院有附設月子中心，所以理所當然的，我生產後就直接住進醫院的月子中心。

　　我媽算是很新潮的人，所以她生我後沒多久，就被我曾祖母嫌臭，被叫起來洗頭洗澡，因為曾祖母說，不能洗頭是因為古早沒有吹風機電暖氣所以怕著涼。她命令我媽馬上洗完吹乾，不然頭髮的油污碰到小孩不好。

　　雖然可以洗澡洗頭，她說在家裡一個人面對新生兒真的很孤單，也很不知所措，所以她說住坐月子中心有護士專門照料寶寶，有營養師搭配飲食，有清潔阿姨每天打掃房間，完全是飯店式享受。這樣我有好的照料可以養身，寶寶有專業醫療團隊呵護。我媽她自己也樂的輕鬆不用煩惱。

　　其實她一說要讓我去月子中心我就舉雙手贊成，可能連當時還在我肚子裡的寶寶也雙手贊成吧！

　　在香港還是普遍回家裡坐月子，他們這裡有坐月婆，而且好的專業坐月婆可是價錢不菲，並沒有比台灣基本的月子中心便宜，因此我香港同事們很羨慕我可以去月子中心，還堅持要我問我住的月子中心收不收外國人。

　　我還真的很白目的問了月子中心的服務小姐，但是月子中心因為房數不多，所以還是以台灣人、台灣居民為優先。出院的那一天只有我跟一堆大包

小包的行李，由於珈珈在住院期間出現黃疸，所以必須留院照光。我當時心裡很心疼，雖然我知道黃疸不是什麼大問題，我自己剛出生時也有，也住了醫院，但是不知為什麼自己單獨出院，還是忍不住會很捨不得，總覺得我來醫院生孩子，出院不帶自己的孩子出院，心裡好像被割了一塊肉一樣難過。

所以到了其實只有對街的月子中心整理好後，我還是違背我媽跟奶奶的交代，自己偷跑去醫院的嬰兒室親餵母奶。不過，我把自己包的像是要去搶銀行一樣，從頭到腳緊緊的，又是頭巾又是圍巾又是帽子，一擺一擺的走去醫院親餵珈珈，但是剛生完這麼大寶寶，即使只是一兩步的路程，不僅產道還是有點不舒服，體力上就氣喘吁吁。所以第三天我就舉白旗放棄了。

剛進去的頭一個多禮拜，馬先生因為請假陪我，而珈珈又還在醫院，所以在我放棄去醫院親餵後，他就做了母奶送貨員。

不過第一次我們都不懂，他傻乎乎的拎著兩瓶滿滿的集奶瓶，像是去早餐店買了牛奶一樣去探視珈珈。過沒多久護士就打電話來房間唸說「啊呀！元宜媽媽，你先生沒有跟月子中心拿保溫袋，就把母奶拿來了！」挖勒又沒人跟我說要裝在保溫袋裡才能拿去。

在珈珈搬來月子中心後，馬先生每天都很期待護士推著珈珈進房來。有一次在珈珈剛過來沒多久之後，突然大便。我們兩個面對綠色警報，還真不知道該怎麼處理，好在月子中心有24小時值班護士，所以馬上有護士來教我們，我們每天就跟著護士學習如何抱小孩、換尿布、各種不同親餵母奶的姿勢、拍打嗝。然後晚上把寶寶送回去嬰兒室後我們倆就賴在床上看美國影集。

但是這個不懂坐月習俗的臭老外到他要回去前的最後一兩天，突然說我們晚上留寶寶過夜吧。當時他也沒想到，我才剛生完十天，就要我做大夜班。

拜託，我才剛生完，我的好日子就這樣只維持了幾天？但是馬先生回我「你以為你這好日子可以過一輩子喔？早晚都是要面對的，還不如現在

開始。剛好我又在,一起學著做不是很好嗎?還有拜託喔,你我都知道回去後,半夜醒來的一定是我,你一定會在床上指使我做東做西,而且如果真的不行了,就送回去嬰兒室不就得了?」因為我真的屬於重眠型的人,當時我怕我半夜起不來照顧小孩。

所以就這樣,在入住月子中心十天後的那個晚上,珈珈留在我們房間過夜,但現在我可知道了,有下一胎的話,我堅決晚上不要帶,我會跟護士說,我現在晚上不睡到爽,回家後就不能了。

回家後我才發現我真的太低估自己的母性,因為十次裡有九次珈珈半夜哭鬧,都是我醒來,馬先生則是睡到不省人事,早上才很無辜地說,有嗎?昨晚珈珈有哭嗎?

也就這樣,在月子中心的第十天晚上,我們給了珈珈我們的第一次,護士差不多是十一點多時,把剛餵完奶的珈珈送來我們房間,當時我們還很有自信,覺得白天都處理的還不錯,晚上應該不會太難搞,白天我們不是親餵母奶,就是請護士將溫集奶瓶送來,但是晚上我們聽取我奶媽的建議,選擇搭配配方奶,好讓我可以把夜奶間隔時間拉長。

但是誰知道半夜一點多時,我跟馬先生才剛要進入深眠,突然被一陣響亮的哭聲給吵醒,我們兩個手忙腳亂,馬先生緊張的泡奶,但是才想到,忘了問護士泡配方奶,水溫該怎麼拿捏、要多少匙的奶粉、一次該要餵多少c.c,全都都沒問清楚。馬先生只好抱著大哭不停的珈珈,我趕快打電話問護士。後來,又忘了預先準備好熱水,所以又急忙地去取熱水,不過還好當時我還有大量的母奶,所以瞎搞了五分鐘後,直接把珈珈抓過來給她母奶,堵住哭鬧的小嘴。隔天早上護士進來接珈珈,看到我跟馬先生睡眼惺忪就知道我們倆真的被打敗了。

不過第二晚,馬先生又堅決再試一次,之後馬先生又回到每個週末飛來台北,他那時很期待接我跟珈珈回香港的日子,因為他自從我回台待產後,每個週末香港飛台北已經快兩個月。我則是很擔心離開我在台灣舒適的

環境，回到香港一個人奮戰，所以為了讓自己早點回到現實，聽了護士的建議，我在回家以前的兩晚，再次挑戰把珈珈接來房間睡，而且這次是自己一個人獨戰。

第一晚有了上次的經驗，預先將水溫剛好的熱水倒進保溫杯裡，然後配合珈珈睡眠時間，他睡我就睡，保持體力。而這時生完三週的我體力是有比較好但是依然容易疲累，而且還是很需要睡眠。

誰知道以為自己都準備好了，那天半夜珈珈餵完夜奶後，就不願回她的小床睡，但我又不敢抱來大床上跟我睡，因為我怕我睡覺壓著她，所以就抱著她坐在床上，直到她睡著才小心翼翼放她回小床上。

隔天早上護士看我又沒睡好，一問之下才知道原來珈珈的身長已經頂到月子中心的小床，所以她們在嬰兒室都把珈珈放在大床上，我怎麼會知道，我的小孩可以在出生到滿月一下子由55公分長到59公分？

就這樣離開月子中心的那天終於到來，我請馬先生先把一些家當搬回家以後，再來接我跟珈珈。

由於我媽無法當天趕到台北，而剛好我奶媽家裡有事，所以我跟馬先生就自信滿滿地獨自迎接珈珈回台北的家。馬先生還心想，這樣他可以好好享受一家三口的幸福時光，但是新手爸媽就是沒經驗，我們完全忘了配合珈珈喝奶的時間行動。

這時快滿月的珈珈已經差不多規律地每兩小時左右喝奶，然後我們又忘了在月子中心都是用月子中心的奶瓶，家裡的奶瓶根本忘了預先消毒，又沒準備好熱水。然後月子中心拿回來的母奶還未解凍，一包一包的。打包行李時，又忘了把珈珈比較需要的東西放在一包，一回到家珈珈因為換了新環境，緊張的猛哭，剛好又到她喝奶時辰，她愈哭我愈急一直找不到東西，馬先生又很緊張地叫我快一點快一點，最後我趕快把珈珈抱來親餵拖點時間，這時我的奶量已經慢慢減少到一餐無法達到珈珈所需的奶量。

所以邊餵邊要馬先生趕快消毒奶瓶煮熱水，趕快泡點奶粉給他餓翻的女

兒，新手爸媽真的有好多第一次，而我跟馬先生每個第一次，幾乎都是在混亂無知的情況下過來。

我到現在都還很懷念月子中心時的舒適，馬先生也常消遣我，應該會為了回去月子中心而生第二胎。其實不瞞你說，我還真的很願意再回去住月子中心，因為我個性本來就很宅，關在月子中心裡茶來伸手飯來張口，小孩又有專業團隊幫你照料，做媽媽的有哪個會不愛的啊！

新生兒送禮與探訪須知

送禮本身是一門大學問，問題不在價位，而是送什麼好？一份好禮不僅代表了心意，選對好禮，也代表有為對方著想的貼心。並不是買貴就對了。有時花大錢買了最貴的，最後反而造成收禮者的麻煩。因為有可能用不到、然後又感覺好像欠了人情般的尷尬，加上中國人習俗去朋友家探訪不能兩手空空。為了要恭喜朋友喜獲麟兒，要送什麼，通常真的是很傷腦筋。

在懷孕時，就有很多親友問我需要什麼東西。我左想右想真的也不知道要怎麼跟他們說。當時小孩還未出世，所以也不是很清楚真的缺什麼，以下是我個人的經驗供參考。

紅包

我要很不好意思的承認，這真的是最簡單又體貼的禮物。因為我們在台灣生，家卻住香港，所以如果大家買一堆有的沒的，我還要想辦法搬回香港小到不能再小的住所。這就是個大問題，所以當長輩們給小孩紅包時，我們真的感激。因為可以讓我們稍稍在血流不停的開銷裡，稍微止止血。以免小孩出生不到24小時，爸媽的錢包就失血過多。

新生兒童裝

除非自己上一胎生完不久，家裡還有童裝可以給朋友再利用。要不然，真的不要送。因為頭幾個月，基本上紗布衣、兔裝、幾雙小襪、小手套就可以了，甚至圍兜兜都不需要。而且像我們家這個，頭一個月就飆四公分。長的真的很快，根本沒有時間穿到每一件。加上每個寶寶生下來大小不一樣。像我們家的，一生下來直接穿寶寶三個月約60公分的衣服。有朋友好意買50

公分的新生兒衣，買來時還很驕傲的說，買的是大號，結果連穿都穿不下。重點是每個人喜好不同，如果花了錢買了自己覺得超可愛的衣服給寶寶，結果對方不喜歡只穿了一兩次，甚至還沒穿過，還不如買其他有用的，比較實際點。還有如果沒有生過小孩的，千萬不要特意買大，想說長大可以穿，因為小朋友長得快。假設你買一歲寶寶大小的冬天童裝，結果小朋友是八月初生的，等寶寶到冬天時，也只有四個月大。你買的一歲冬天童裝，要他等到下一年的冬天穿，根本是浪費，因為會完全穿不下。尤其我們家這種大寶寶。

玩具書籍、音樂CD等教育性質用品

　　玩具大可不必，因為寶寶太小還不會玩，所以要擺很久才會用到，而且我個人不喜歡家裡堆的滿坑滿谷的玩具。還有，一歲以前的寶寶，隨便的東西都可以變成他們最好玩的玩具，像我女兒四個月大開始喜歡舔東西時，我先生就拿洗乾淨的不同質料的襪子、手帕、衣服、毯子給她舔，讓她用舌頭來發覺她的觸覺。而且每個小朋友不同，我就有聽過媽媽花大錢買了智能玩具給小朋友，結果小朋友一次也沒玩。因為那時小朋友太小，還對堆積木沒感覺，等到喜歡玩積木時，早忘了有買那樣東西。但是如果真的要送，請送顏色鮮豔豐富，而不要送粉色系的玩具，因為寶寶看不見淡色系的東西。

　　書籍是一個不錯的投資，我們家裡就有各國語言的書籍，一旦發現小朋友可以乖乖不動的坐在大人的腿上時，就快速的隨手抓一本童話書。不管是有長篇的故事，或者是新生兒的繪圖書。不管三七二十一，就塞在小朋友面前，開始說故事。到她六個月自己拿得起書以前，我們家的寶寶只有對媽媽的雜誌有興趣。對其他的看沒幾眼，就轉頭看別的東西了。直到後來，她自己的小手拿得起小書以後，才對書本有更大的興趣。

　　音樂CD也是個不錯的東西，因為馬先生不知道從哪裡看到，音樂對寶寶的腦部發育很好，所以他去找來像披頭四、或者皇后樂團的寶寶版本，當

然也有基本的古典音樂。除此之外,我發現日本書店有賣很多按下去有聲音的書,真的是很不錯的東西。因為在小朋友可以自己讀文字以前,有不同的配音的有聲書可以吸引寶寶的注意,所以一本可以用很久。

再來就是一些不是很可以上的了檯面,但是很實用的東西,像是尿布、濕紙巾、奶粉、母奶用的集乳袋、嬰兒用洗衣粉等一些日常消耗品,這些非常實用。剛回香港時,一群朋友集體買了一大箱的妙X牌尿布。我們真的是打從心裡感謝,因為真的幫忙省了一點開銷。剛開始很多東西都要買,所以一下子失血過多。所以可以送朋友一些0-6個月的嬰兒會用到的消耗品,緩衝一下開銷,多多少少有差。我聽過出手最阿莎力的是,我一個同事幫他的乾兒子買一整年的尿布,隨時需要可以上店家領貨,真的是很貼心。

床俱、洗澡盆、兒童椅、推車等大型道具

我們因為有三個家—娘家、婆家、跟自己香港的家,加上沒有跟小朋友同床同房的習慣,所以為了方便以後回家時,小孩有地方睡,各地都需要一組兒童床。除此之外,比較大型的用具,或者是那種可以用到幼稚園時候左右的東西,多一組放在每一個家,可以減少旅行要帶的行李。所以建議,如果像我一樣,娘家跟婆家都在外地時,可以先準備著,這樣可以不用大包小包。每次帶小孩回家,都像小型搬家一樣累人。

金錢買不到的

不管是新手,還是再度當媽媽。我發現剛做完月子後,真的會很需要幫手。尤其是帶著新生兒,從有如天堂的月子中心出來後,都會手忙腳亂。如果有個幫手,可以讓媽媽心理上比較沒有那麼地緊張,還可以稍作休息。

剛從月子中心出來後,除了我媽媽跟週末來台的先生以外,小朋友的乾媽每天下班、上完大學夜間部,就會趕來我家,幫我餵奶帶小孩,讓我跟我媽可以稍微休息一下。要翹腳看電視也好、泡個澡也好,做一些非寶寶相

關的事。即使只有一個鐘頭，都是偷來的幸福。但是這就要講到新生兒探訪了，因為並不是每個人都適合把自己的時間送出去。

新生兒探訪

在小孩出生以前，我就請我媽媽通知眾親友，我的兩個小小要求請他們配合：

一、我請他們在我進月子中心兩週後，再來探訪看小孩。因為我希望在頭兩週的時間可以留給家人，讓家人好好享受這種幸福感，還有，我知道我自己會水腫到不行，所以我不希望被興奮的親友們看到我腫的像河豚的樣子。但是最後還是被我老爸的相機捕捉到我河豚的樣子。

生完後，我才發現體力也不夠應付這些熱情的親友。每次一個來，我就得出來見人。雖然我知道我出不出來不重要，因為只要小孩出場就好。不過當時還餵母奶，所以來探訪還是要先預約。不過新生兒喝奶時間不定，所以最後，我媽要來的前十分鐘左右，都會先電話通知。

二、我請探訪的親友們不要抱小孩也不要摸小孩，當時因為H1N1，學校剛開學，重新盛行，所以為了衛生，還是避免觸碰到小孩。除此之外，我也請他們進門後先洗手。不過還是有人會說，我從家裡出發前有洗過啊！可是他忘了出來後，坐車、開門、上樓梯的，又碰到新的細菌了。當然也有不好意思拒絕的超級熱情親友要抱小朋友。這時我就會遞上一條手帕，讓抱的人可以用衣服稍微隔離一下小朋友。

再來就回到我剛提到的，把自己的時間給朋友。這是一件很體貼的禮物，但是並不是每個人都可以做到的，因為如果自己跟剛生完寶寶的朋友要好到知道他們家的廚房在哪，唐突的說要去幫忙，對方可能要忙小孩、還要忙著招呼你，這樣就沒有幫到忙了。但是如果是熟識的朋友，這真的會是很有趣的經驗。以我個人來說，一整天都在照顧小孩，有個朋友可以來和我聊跟小孩沒有相關的事，可以不用擔心小孩一陣子，真的是偷來的短暫享受。

人在遠方的爺爺、奶奶、外公、外婆

　　如同大部分外出工作的家庭，珈珈不像其他幸福的小孩，有爺爺奶奶外公外婆在身邊。一年中，與他們相處的時間，少到可以用一隻手算出來。雖然現在有許多隔代教育與代溝的社會問題，但是我必須要在這裡先說明：現在社會觀念與風氣不同，因此我個人認為，更需要長輩與年輕父母們共同努力來維持這三代的關係。長輩們和較少時間見到面的孫子們相處時，不要一副高姿態，要孫子們服從，然後到處檢討教養方式。而年輕父母們，也不要一派推翻長輩的教育觀念。因為畢竟傳統式教育成就了我們這一代，如果有觀念相衝的情況，與其爭吵，不如解釋給長輩了解。很幸運的，目前為止在這方面我與馬先生的雙方父母都很尊重我們的教育方式。當然當我們迷惘時，他們也很樂於給我們建議。

　　生產當天，只有我媽媽在。我爸因公在內地趕不回來。而公婆因為不希望打擾要同時照顧我和寶寶的媽媽，因此他們是在我們一家大小回到香港後才過來。所以自生產前一天落紅開始，我媽雖然心裡很緊張，但是她因為一邊要顧著痛到昏頭的我，還要顧著不太會說中文，卻緊張兮兮的女婿。她只能硬著頭，陪我們從凌晨四點進醫院，直到寶寶出生、我住進病房為止。好在中間珈珈的乾媽出現，可以幫我媽跑腿，也幫忙安頓我那緊張到在走廊來回走動的先生。（這是後來聽他們三個人七嘴八舌講的，當時我痛到不知道外面是白天還是晚上。）但是我想那天我媽應該頭腦裡只有想到我們肚子餓不餓，因為進進出出都看她在張羅大家的伙食。待產時，從早餐中餐到最後生完，又看她跑去買多到五人份的晚餐，放在恢復室的小桌子上。

　　我想我媽應該是到隔天過了一晚，心情沉澱後，才想起她當外婆這件事吧！因為隔天一早進來，完全沒心情理我。直接放下從家裡帶來的東西後，

就拉著她女婿一起去看孫女。結果一去還超久的。最後馬先生給我看他們倆在嬰兒室裡又抱珈珈，又拍照玩的照片。當時我因為還爬不起來，所以只能看著他們倆熱絡的描述珈珈。好笑的是，在懷孕時我媽買的都是高級進口水果，因為我跟她胡亂說，這樣寶寶皮膚才會好。結果生完珈珈後，她買的就是普通的水果。人真的不能太好命，吃了近一個月的高級水果後，回來吃普通的水果，真是不習慣。不過還好珈珈沒有讓外婆白花錢，因為她出生後的皮膚，真的好到連護士都說，沒看過皮膚這麼細緻的新生兒。

最後還好進了月子中心，有專人照料大人跟寶寶，所以我媽在我休息十天後，每天就是負責安排親友探訪的行程，完全沉浸在當外婆的喜悅裡。而我爸在幾天後，也趕回台灣見孫女，但是珈珈很不給面子，每次都是在外公探訪時睡覺。我爸來了三次，每次都只能看到她睡覺的樣子。回內地後每天都在問，珈珈張開眼睛了沒？書裡都說，新生兒滿月前，每天都會睡20小時，不過我倒是有看過朋友新生的寶寶生下沒多久，就張開雙眼。我們家的這個整整睡了三個星期，醒來也是睡眼惺忪，瞇瞇眼看我兩眼。直到三星期的一天，突然睜開雙眼一直盯著牆上的畫，這時才看到她墨綠色的眼珠。

我媽在我小的時候有奶媽幫忙照料，所以剛回家時，她因為太久沒有接觸到嬰兒，她剛開始有點怕。所以每天以前帶我的奶媽，就會到家裡幫珈珈洗澡，順便餵一餐奶。因為珈珈這小子不太愛喝奶，那時全家只有我奶媽可以一次在短短十分鐘裡餵完，我們其他人都要熬上三十分鐘到一個鐘頭，所以我媽有時會弄到肩膀酸痛。因為這個原因，我媽一開始就只負責照料我飲食，直到一個禮拜習慣以後，她早上會進房來把珈珈帶出房讓我睡，而她就自己照料珈珈。但是當遇上咖啡色危機時，就會把寶寶轉給我或者她女婿換尿布去。

在珈珈快三個月時，我爸來香港看她。那時他心裡還有點鬱卒。怕孫女又都在睡，不看他一眼，結果誰知道，珈珈第一次咯咯笑，就是獻給他外公。當時我們還納悶那是什麼聲音，後來才知道原來珈珈咯咯笑的聲音這

麼低沉。最後我爸還打破我奶媽的紀錄，可以在十分鐘內餵完一餐，而且還順到不需要拍嗝，也不會吐奶的地步。而且我爸每每隨便跟珈珈玩，她都會笑，而且屢試不爽，真的是很給面子。當時我們還猜測，像我爸這種 business man，看上去就好像不太會跟嬰兒玩，結果我們都猜錯了，也許他生來就適合當外公。

在珈珈第八週大時，她的爺爺奶奶終於等到他們來香港的日子。經過十幾個小時的飛行和轉機，他們終於見到期盼已久的Amelia（珈珈的義大利文名）。剛開始Amelia因為不習慣爺爺奶奶身上陌生的味道，所以一開始還很不給面子的哭鬧，不要他們抱。這還讓我敏感的婆婆難過一晚。好在她爸爸有把她帶到旁邊教育教育，隔天早上就有讓她奶奶餵到奶，「秀秀」到。不過我婆婆是屬於超敏感超緊張大人，在他們來以前，我們已經有透過email向他們解釋Amelia的習慣與作息，也有提到Amelia喝奶就是在磨大人的耐性一事。但是我婆婆怎樣都不相信，有寶寶就是這麼不愛喝奶，每次都要花上三十分鐘以上，才勉強喝完100cc。

在香港的一個月裡，婆婆每天都在找Amelia不喝奶的原因。一次還很確定她孫女是腹絞痛，直到我打電話問我奶媽，她在電話裡提到寶寶絞腹痛會哭鬧不停，而且也睡不好，而我們家這個只有喝奶才哭，平時玩的很有精神，也睡的很好。在向婆婆解釋我奶媽的判斷，以為她會就此結束。沒想到她後來還是不放棄，最後她認定是因為Amelia的嘴巴有鵝口瘡，而且逼我馬上要預約小兒科醫生檢查。雖然當時我很相信珈珈不愛喝奶沒有關係，只要她體重有在增加、精神很好又沒有發燒，其實少喝個100cc不需要大驚小怪的，但是因為知道婆婆出自關心，所以我們還是帶珈珈給醫生鑑定，是不是鵝口瘡。結果醫生判斷珈珈成長正常，不喝奶應該就是簡單的因為她並不餓。醫生還說，寶寶很聰明，才不會餓到自己。我們就這麼回去跟婆婆說明，但是直到她回去義大利後，還是深信Amelia 不能在十分鐘內喝完奶，一定是因為她哪裡不舒服。最後在給珈珈開始吃副食品後，這個問題才解決。

我只能說其實Amelia遺傳到她老爸老媽愛吃的個性，很早就對牛奶沒有興趣，只喜歡真正的食物。

當時我公公對Amelia並不是表現的很興奮。一度馬先生還問我，是不是他的錯覺，誤以為他老爸對孫女沒興趣，因為公公不太會想抱孫女，也不會想幫忙換尿布或餵奶。但是很奇怪的是，他以前是非常熱情的幫忙帶他兩個兒子。後來聽朋友說，才知道其實那也許是因為公公一下子無法接受由爸爸升級到爺爺，感覺老了好多歲。雖然心裡很高興看到孫女，可是需要多點時間接受這個事實。這樣一說好像真是如此，因為公公的確是典型怕老的義大利男人。雖然他在香港的一個月裡並沒有近距離接觸到珈珈，但是聽我小舅子說，回義大利後從不輕易落淚的爺爺，想孫女想到掉眼淚。

珈珈真的很幸福，除了有義大利爺爺奶奶、台灣的外公外婆為她著迷以外，她還有我奶媽一家大小，和遠在紐西蘭以前照顧我的一家人關心她。大家都被這小孩給迷倒，我想我和她爸爸要更努力，不要讓她變成家裡的小霸王，這樣大家才會繼續地疼愛她。

和海外的爺爺奶奶外公外婆維持關係：

回家——每年計畫回家至少一趟

探訪——請爺爺奶奶和外公外婆也來香港

單獨相處——在回家與探訪時，盡量讓珈珈與她的爺爺奶奶外公外婆有單獨相處的時間，建立對他們的信任感

Skype——雖然跟看本人不同，而珈珈其實也還不懂電腦裡的聲音和影像怎麼出來的，但是對大人來說，不無小補

說故事——因為先生做電視的，所以請他製作一張有爺爺奶奶們對珈珈說故事的DVD，這樣等珈珈大點，可以將預錄的影像放出，讓珈珈邊讀書，邊看到聽到爺爺奶奶們對她說故事書。雖然不知道這點成效如何，但是至少可以讓珈珈對她的爺爺奶奶們不會有陌生感。

爺爺奶奶探親記

●・●・●・●・●・●・●・●・●・●・●・●・●・●

　　公婆上一次來香港時珈珈才三個多月，中間當然我爸媽也常常過境時進來看看珈珈，而我媽媽也在珈珈十個多月時來待過兩星期。這中間的變化，我們直到公婆再度來港後，才有明顯的體會。在公婆出發以前，我們已經跟公婆發email做行前教育：跟他們解釋珈珈每天的作息，以及由於珈珈很久沒看到他們了，所以一見面不要給孩子太大的壓力，不要一下子撲上去又親又抱的，請他們多多按耐一下蓄勢待發的情緒，先讓孩子有時間熟悉他們。他們也說好，會按我們說的來。就這樣，我跟馬先生幻想公婆來後，有更多的夫妻時間。

　　公婆抵達的當天，也請馬先生熱情地去機場接機，但是沒想到我們之前做的行前教育，在公婆見到活潑的珈珈後，就一切拋到腦後。看到珈珈後，也不等馬先生跟珈珈解釋，馬上撲上去要抱珈珈。當然珈珈也因為這舉動嚇到，婆婆沒有因此放手，反而抱更緊，還又親又摟。抱完後又換公公，把珈珈嚇到不停的哭，後來還好有馬先生在，所以她可以安撫一下珈珈幼小受驚的心。

　　隔天我跟馬先生就讓公婆跟褓姆在家帶珈珈，誰知道公婆照樣熱情款款地像監視器，猛盯著珈珈看，但這舉動把很少跟爸媽及褓姆以外的人接觸的珈珈嚇到。之後的幾天，只要看到公婆就大哭，而公婆與褓姆之間語言又不通，根本無法溝通，褓姆幾次嘗試跟他們解釋，他們來的時間都是珈珈睡午覺時間，但公婆誤會說褓姆趕他們走，而我們建議公婆帶珈珈去公園，因為之前珈珈乾媽來這樣做之後，珈珈馬上就愛上她。沒想到這招根本沒用，公婆帶下去，珈珈哭到我們住25樓都聽到她的哭聲。之後幾次他們要褓姆跟下去，但珈珈卻黏著褓姆，這又讓公婆非常反感。

　　這樣過了一個禮拜，我請馬先生週末早上帶著她爸媽去喝咖啡聊一下，因為他們要來六個星期，這問題不能不解決。再説我婆婆是個敏感又緊張的人，經過一個禮拜，每天與珈珈的互動都是以哭結束。我知道她的情緒很快的就會爆發，所以我請馬先生用微婉的方式跟他父母解釋，對孩子不要太過積極主動，先給她一點時間來認識你們。沒想到我婆婆回：「別忘了，我做奶奶以前可是你媽。」

　　公婆來的期間，剛好是馬先生工作最忙碌的時間，所以每天都是九點半以後才回家。（現在想想，應該是他故意避開，等珈珈睡了，再回到家，然後把他爸媽送回住所。）終於第二個禮拜的一個晚上，我婆婆的情緒在珈珈睡覺後爆發了。接下來的三個小時裡不停的唸我，而我必須用我基本的義大利文跟他們一步一步地解釋與安撫。在這短短的三個小時裡，我用盡我所有的公關技巧，因為我婆婆很生氣的説，珈珈太黏褓姆，這樣對我們不好。所以我禮貌的問她，為什麼他們會這麼認為，因為平時我跟馬先生都沒有這樣的感覺。加上我們認為，如果珈珈不黏褓姆，那麼他們相處的方式應該有問題，導致小孩一直找照顧她的褓姆。

　　婆婆很生氣的説，她這麼説是為我好，因為小孩就是要清楚知道，誰是媽媽、誰是爸爸。所以我就跟她説，我聽到她的疑慮，但是這孩子知道誰是爸爸誰是媽媽，因為週末時即使褓姆在，她不會去黏褓姆。後來公婆又轉向我們在家講三國語言，説這樣會讓孩子困惑不安。所以我搬出醫生的話，跟他們解釋，這是詢問過醫師而做的決定，再説因為珈珈一出生我們就是三個主要照顧者，都説自己的語言，所以在理解力與聽力上，珈珈並沒有這方面的問題。

　　最後我總結：「不能要求一歲的小孩來瞭解我們大人的關係，對她現階段來説，她只知道只有爸爸、媽媽跟褓姆是她可以信任的人，其他即使是爺爺奶奶外公外婆，她也還不懂這些人與她的血緣關係，而公婆突然隔這麼久一下子出現，就要求這麼小的小孩用大人理解的方式來愛他們，真的太辛

苦了。」我問：「珈珈不是現在願意跟你們互動了嗎？」但他們回說：「還是要在你們在場的情況下，我們不能跟她獨處。」我說：「我知道你們來以前，幻想與孫女一起牽手去公園玩，我也幻想我可以在家休息一下。我們都沒有預期到珈珈會如此激烈反應，難道這禮拜，由看到你們就哭，轉為願意接近你們，這不算進步嗎？」我公婆很不情願的點頭說，是有比第一週改善。我趁勢接著說：「與其一直高高在上跟珈珈互動，能不能請你們拉低姿態到珈珈的高度來跟她玩，而且不要一直跟她說不可以這個，不可以那個的。與其不讓她做，為什麼不能換個方式引導她，一起做妳想要她做的事？我並不是要來教導你們如何跟孩子相處，因為你們教出了很棒很優秀的兩個兒子，我還嫁給其中一個。但是我要說的是，很明顯的我們現在的方式有問題，因此能不能換個方式試試看呢？我是珈珈的媽媽，我瞭解珈珈的個性，她是個外向的小孩。再給她一次機會，用她能接受的方式，或許情況就能改善。」

那次談論後的某個週六下午，我特地安排帶婆婆去美甲，順便安排按摩，然後跟她說，是她兒子特別安排的，因為他想要慰勞兩位辛苦的媽媽們。誰知道，她兒子根本沒有想到，而我只做美甲，根本沒做到按摩。但是這讓婆婆心情極好，而按摩也放鬆了她緊張的心。

我單純的以為，這樣就可以改變事情的癥結，但是兩個禮拜後，問題又回到原點。這次馬先生也在場，而婆婆則是拿出哭的那一招，一把鼻涕一把淚的說，她的兒子孫女住的這麼遠，想見一次又要坐20幾個小時飛機，誰知一來遭兒媳嫌棄，而孫女又不愛這個奶奶。馬先生氣到不想理他媽媽，我也氣她把問題怪罪在別人頭上。還好我先生支持我，因為我也不是省油的燈。我也掉眼淚的說：「婆婆我看妳這樣哭我真的好難過，也好自責自己的小孩，這樣對你們，可是我不能改變的是，你們住在離義大利這麼遠的地方，在香港我們無親無故的，所以導致珈珈對爸爸媽媽以及褓姆以外的人，都需要更多時間來適應。」

我婆婆就說，妳爸媽很近啊！他們想來就可以來啊！這時我當然不能說，對啊，我爸媽三不五時常來香港過夜看珈珈，所以我說：「別說這個了，我前不久才跟我爸媽抱怨，他們過境香港都不願意進來看珈珈。」（這當然不是謊言，因為的確有一次我爸過境沒有進來，自己在機場等轉機等了六個小時，六個小時進來看珈珈吃頓飯很充足的，加上我家離機場才15分鐘車程。）最後我說，你們已經退休，兩個兒子也都自己出來工作，不需要你們金錢支援，與其一年來一次待六星期，為什麼不能一年來兩次各待三星期。這樣加上我們一年回去一次，珈珈跟你們相處的時間，絕不少於離我們很近的外公外婆。

最後六週之後，公婆還是帶著遺憾的心情上飛機。即使最後一個禮拜，我已經辭職在家，並且讓褓姆放假，減少他們與褓姆的衝突，但是珈珈最後跟他們的互動，遠不及跟我爸媽緊密。

外公外婆初體驗

● · ● · ● · ● · ● · ● · ● · ● · ● · ● · ● · ● · ● · ● · ● · ● ·

　　我爸媽在我跟馬先生認知上，不算是那種很會跟小孩互動的人，對小小孩還是只能維持五分鐘熱度，所以剛開始，我們也是用同樣的方式跟我爸媽解釋：看到珈珈不要一下子太熱情，而他們也很配合地忍著不看他們的愛孫。沒想到這招很對珈珈的胃口，因為每次見面過五分鐘後，珈珈都會主動跟外公外婆互動，像是拿球給他們，跟他們玩等等。

　　珈珈一歲後的聖誕節，我因為想家所以全家到台北，而我爸爸剛好出差在台北。我那吃味的媽媽瘋狂的臨時買機票，回來參一腳。沒想到這個瘋狂的舉動非常值得，因為我們在台北短短的一個星期裡，珈珈第二天就跟她外婆兩相好，晚上睡前我抱她到外婆大床上，我們母女三代在床上纏綿，而珈珈跟她外婆講悄悄話。接近假期尾聲，我媽媽先回去內地後的一個早上，珈珈早上醒來一直「ㄅㄚ、　ㄅㄚ、」叫。因為她叫外婆「ㄅㄚ、」，但是她不管怎麼找就是找不到。

　　所以隔年的農曆春節 我跟馬先生討論回台跟我爸媽一起過，這樣他們有更多的時間可以跟 珈珈互動。在吃除夕年夜飯的晚上，我媽媽特別在餐廳訂了一間私人房，好讓珈珈可以盡情唱她的兒歌、自由的奔跑，不會影響到其他的客人。在用餐過程，珈珈每放一首兒歌，她就會看她的外婆，要外婆跟她一起跳舞，然後還會叫「ㄚ ㄊㄨㄥ（阿公）」，指著外公也一起跟著擺動，幾次之下，四個大人被一個小孩玩到瘋狂擺動，唱歌跳舞，而珈珈也開心的笑個不停。

　　隔天初一，馬先生跟我說，他看到我爸媽跟珈珈的互動如此愉快，他心裡不免感到遺憾，為什麼自己的爸媽如此愛面子，拉不下臉來跟珈珈一起玩耍，而難過的是，我們並不能跟我公婆說，我爸媽聽我們的方式，跟珈珈很

熱絡。

　　在台灣的期間，珈珈跟我爸媽要好的不行，自己會主動去找外公外婆，問她阿公阿嬤在哪裡，她都會很開心的指出來，也喜歡跟他們玩躲貓貓，而外婆餵她吃東西時，也大口大口的吃。最後我們要回來的那天，珈珈看著外公外婆，還很憂鬱的十八相送，整個臉明顯的垮下來，很難過要回去了呢！

　　看著他們這樣互動，真的是很多電影裡所謂天倫之樂的情節，心裡也非常希望，我爸媽可以比較常來香港。我們發現，每次回台灣，珈珈與親人相處之後，她的語言和行為發展上，很明顯的進步。我們在外地工作，在香港沒有親戚，真的無法讓珈珈知道，什麼叫做一家團圓。我跟馬先生童年時的週日，都是到外婆家外曾祖母家，與親戚們熱鬧的用餐。現在我們家只有出國看家人時，珈珈才能體會我們的感覺。不然平常的週末，真的都是我們一家三口寂寞的度過，所以每次有家人來探訪，雖然勞累，但是我們都是滿心歡迎，因為我們知道，這對珈珈是很好的互動。

請褓姆記（上）

● ● ● ● ● ● ● ● ● ● ● ● ● ● ● ● ● ●

對職業婦女來說，褓姆真的很重要。加上每每聽到育嬰中心出事情的新聞，這對必須把小孩交由非家屬來照顧的婦女們來說，真的是心如刀割一樣心疼。也不免打哆嗦，希望這不幸的事情不要發生在自己生活週遭。

我生下十天左右就被送到奶媽家，因為當時我媽是剖腹生我的，而在那年代沒有像現在一樣舒適的坐月子中心，以我媽又要恢復休養，又要照顧我，一個人應付不來，所以就把我交送給家附近的奶媽帶，也因為緣分，直到現在我奶媽家就如同我自己的家一樣。

因此我在找褓姆時，就有了這個幻想，希望可以找到這樣可以信任，甚至成為家人一樣的褓姆。但是我忘了我們在香港，這裡幾乎是東南亞籍的家庭傭工帶小孩居多，每個來來去去，中間有專業的、有不怎麼專業的，要怎樣從中找到適合的，真是難倒我和馬先生。

起先我們在社區的網路留言板上找，也透過別人推薦，最後是找到一位剛生完寶寶一年多的菲律賓籍媽媽，我們天真的想說，既然剛生完不久，經驗應該正好派得上用場。加上又是沒有做過幫傭或褓姆工作的，這樣工作習慣比較好訓練，也聽朋友說這種會比較乖。

就這樣，我們以為我們超幸運的找到理想中的褓姆。

就在帶珈珈回來的那一晚，我們請已到香港等待多時的菲律賓褓姆，在我們忙進忙出的時候，同時幫忙安頓寶寶，順便趕緊熟悉寶寶的個性跟作息。

因為我答應公司，在我回港後兩天去支援品牌的大型活動，所以我必須要褓姆快速上手，這樣我才能安心回去上班兩天。但是我太天真了，我以為這個褓姆就是我那經驗豐富的奶媽，我可以輕易把寶寶交給她，放心的回去

上班。

結果，她幫珈珈餵奶時，竟然是站在寶寶床邊，直接把奶瓶往才五個禮拜大的嬰兒嘴裡塞，而不是將寶寶抱在懷裡餵。不僅如此，她也不知道喝完要拍嗝，也不會幫小孩洗澡，連換尿布也是隨便擦擦，尿布正反面也分不出來。

當下，與其氣褓姆如此，我反倒怪罪自己過度天真，以為可以把小孩交由根本不認識的人照顧。

我氣自己只想到自己的工作，沒有把小孩的安危放在工作之前，我氣自己不夠格做珈珈的媽媽，我氣自己思考的不夠周全。

在聘僱家庭傭工以前，我們有聽說坊間有很多關於外籍傭工的是非，有些傭工甚至因為對雇主下蠱而見報。

因此我與馬先生在申請外籍家庭傭工時，就說好，我們要給對方該有的權利以及照料，因為我相信每個故事都有雇主與傭工兩方自己的版本，一定是發生了什麼事，才會讓讓傭工對雇主下蠱。

這只有他們自己最清楚，當然有可能許多起因是來自單純的語言以及文化差異，不過不管怎樣，普遍外人會一面倒的直覺是傭工的不對，也許有些是貪念一時導致的錯誤行為，但是雇主對待家裡的傭工比奴隸還不如的也大有人在，所謂人在做天在看，這時真的能應用在這種關係上。

加上香港政府為了管制家庭傭工，都規定外籍傭工必須與雇主同住，所以雇主與傭工如果關係緊張，更是雪上加霜。在台灣，住宅的大小算舒適，在香港有些家真的小到一家四口擠一間房睡。這些可憐的傭工們，有些居住在沒有隱私的環境裡。

即使我是希望人心本善，但是我不得不承認，我們聘請的菲律賓褓姆，沒有據實以報她帶新生兒的經驗。

她說她剛生完一年小孩都是她自己帶，但是我很難相信她說的話，因為怎麼看，我跟馬先生都難以想像她接觸過新生兒。

　　我當時，才初為人母五個禮拜，但照顧新生兒的基本常識已經算熟悉了。而站在我面前看似單純的褓姆，怎麼看都不像是剛生完一年的媽媽，我們被騙了嗎？也許應該說，我們真的太天真了，也太自負的以為自己找到最理想的人選，沒有再多看看。

　　找褓姆跟找來家裡打掃的傭工不同，來打掃的不需要什麼豐富的經驗，只要按照我要求的做就行。然而褓姆不僅需要按我要求的方式做，也要有基本育嬰常識以及實戰經驗，這重要的條件我與馬先生卻忽略了。

　　當下我們支開褓姆，找遍電話簿裡的每一個朋友求救，好在，向一位同樣住我們社區的台灣籍媽媽求救時，輾轉打聽到，香港雖然沒有舒適的坐月子中心，但是有到府的陪月護士，而且可以隨叫隨到，雖然費用算時計費，但是都到這節骨眼，這錢是省不了，因此我們透過醫院安排了一名陪月護士。

　　當我們跟醫院連絡時，已經是禮拜六晚上11點了。客服人員非常好心的拚命打給他們所有註冊的護士們，但因為我們家在離島上，所以很多陪月護士嫌太遠不來。

　　就這樣，我們不知道該怎麼辦的呆坐在沙發上，而珈珈或許也能感受到空氣中的不安感，因此不停哭鬧，褓姆也就一臉無辜地在家裡晃來晃去，不知道該怎麼辦。在這尷尬的當下，我們還曾短暫的考慮，乾脆禮拜天來回台北，先把珈珈帶回給我在台北的奶媽。不過那也不是辦法，就這樣我們渡過了一個很漫長又很不知如何是好的夜晚。隔天早上醒來，不知道為什麼，感覺特別寧靜，有如暴風雨剛過的祥和，就這樣躺在床上告訴自己，新的一天，新的開始。

　　就在這時，馬先生抱著珈珈進來說，找到願意來的陪月護士了，而且她現在就在路上。聽到這樣的消息，我馬上打電話向那位醫院的客服人員，感謝他一晚的熱心幫忙。當我們見到陪月護士，看她照顧寶寶的手法就和我們在月子中心裡的學的一樣時，我和馬先生都鬆了一口氣。

　　不過這種陪月護士雖然好，但是費用真的貴到我們負擔不起，所以我們給請到的褓姆兩個禮拜的時間學習，如果學得來，我們就留她，不過如果兩個禮拜後學不來，我們還是得讓她走。目前只能走一步算一步了。

請褓姆記（下）

●‧●‧●‧●‧●‧●‧●‧●‧●‧●‧●‧●‧●‧●‧●‧

我們帶珈珈回港之後，才發現懷孕期間聘請的褓姆，對帶孩子完全沒有概念。即使她聲稱自己剛生完孩子一年，她對孩子的行為舉止真的太過生疏。我們又再觀察了六週後，最後我們不得不讓她離開。

當時就在叫天天不應，叫地地不靈有如熱鍋上的螞蟻般，尋找新人選時，意外地在我們居住的社區網路討論區找到了一個由雇主所放的廣告，告知他們家的褓姆即日起已經無合約關係。

我們馬上打了電話請廣告裡的褓姆「貝兒」過來面試。其實在她來以前，我們已經面試了好幾位褓姆，有的是語言上無法溝通，有的是過份自信感覺她是老大，所以在褓姆貝兒來之前，我們其實對她期望並不大。

貝兒一進門，很親切的謝謝我們給她機會面試，而我們簡單的請她坐下跟她解釋我們需要褓姆的原因。

這時剛好珈珈睡醒，所以我跟馬先生就請她幫忙換尿布，好讓我們觀察她的手法。她其實很緊張，一直問我們，你們是這樣抱小孩的嗎？

因為她上一個服務的家庭是美國人，她知道每個國家文化和帶孩子的方式不同。之後我跟馬先生故意找理由離開，讓她跟珈珈單獨相處，這時我們聽到她跟珈珈唱歌。

我們跟貝兒一切的互動都非常自然，但是貝兒是因為莫名其妙被雇主通知終止合約的，所以我們心裡不免有點小擔心，想知道原因為何。貝兒說，她做人坦蕩蕩，真的連自己都不知道是做錯了什麼。她說她很愛她帶的兩個孩子，但是雇主突然給她一筆錢要她馬上搬離。什麼理由都沒說就要她走，也沒有給她跟孩子道別的機會。當然這是她單方面的說法，為了心安，我跟她要了前雇主的電話。

我致電給她的前雇主，通知他們我即將把才三個月大的孩子交付給貝兒，他們當初到底是為什麼辭退貝兒呢？

沒想到對方説，因為他們夫妻跟貝兒的個性以及文化差異一直無法很熱絡，但是他們很認同貝兒的工作態度與責任感。這讓我們放心許多。

雖然還是有一點疑惑，但是我跟馬先生決定跟著第六感走，給貝兒一個機會。只是貝兒因為莫名的被辭退感到非常受傷，而且她的年紀也較大，所以很擔心簽證辦不下來，加上當時她在馬尼拉的家因為颱風被大水淹過，因此急需一份工作來修復家園。

當時我看得出她的不安，所以一直儘量安撫她，告訴她，不要過度去想為什麼。有一度，她難過到突然跪下來，跟我説她很感謝我們給她一次機會，很感謝我們對她的信任，就這樣她回到了馬尼拉等待簽證。

其實我們不免也擔心，那個惡名昭彰的菲律賓移民局，會不會故意刁難她。

最後我們找了一個我們相信的仲介幫忙，一個月後，貝兒回到香港來我們家上工了。

剛上任的頭幾週，貝兒都處在戰戰兢兢的狀態，不懂的馬上問，不確定的也馬上確認，而且一直想辦法找事做，讓自己很忙。

好幾次我跟馬先生都要再提醒她，她不是來我們家幫傭的，她的責任是照顧珈珈，而不是五花八門，什麼都得做。

看得出貝兒對這新的職責感到很難適應，因為她説她幫傭十幾年來，沒有一個雇主告訴她，只需要專注在一件事情上。

我們説，如果你能幫我們準備晚餐，我們會很高興。但是我們請你主要是照顧珈珈，所以我寧可你陪她玩，而不是把她丟給電視，然後幫我們準備晚餐。久而久之我們慢慢認識了貝兒，有時會聽她提起她與前雇主許多觀念上的衝突，慢慢地她自己也知道，自己會被突然的辭退，是因為與雇主夫妻的個性不合。

　　我沒有吐露她前雇主在電話裡跟我說了什麼。但其實對方是很特別的家庭，她們不讓孩子與社會接觸，除了在家受教以外，也不讓孩子到公園與其他小朋友玩耍。

　　除此之外，他們飲食上也過早給幼小的孩子油炸速食品，貝兒說，每次她都建議應該給蔬果類比較好，但對方太太會很兇的罵她。

　　後來珈珈慢慢長大，也比較會開始與我們互動了，我們發現貝兒教珈珈許多東西。

　　像她會訓練珈珈自己嘗試抓奶瓶手把喝奶，也教會珈珈揮手說掰掰跟kiss goodbye。也教珈珈點頭表示謝謝。

　　在家，也看到她跟珈珈唱歌跳舞，也會拿著書說故事給珈珈聽。每當貝兒拿出書的時候，珈珈看到就會很開心的揮手尖叫，每當她唱歌時，珈珈也會興奮地跟著哼哼哈哈。可是貝兒還是對我跟馬先生畢恭畢敬，所以我們過農曆年的時候，請她去餐廳吃飯，並且告訴她，去餐廳她是我們的客人，所以她不需要照顧珈珈。

　　剛開始的時候她根本吃不下，一直要站起來幫我搞定珈珈。好幾次跟她說，就讓我好好享受手忙腳亂的進食吧，因為我一週裡只有週末可以吃得如此狼狽。她笑笑後努力地放鬆，最後跟我們有說有笑聊天，而中間有需要她還是忍不住要幫忙，而我也就讓她幫忙。

　　現在貝兒在我們家已經一年多了，我們對她是無比的感謝。因為有她，我跟馬先生可以很安心地工作，而經過這些日子，她對孩子的照顧也贏得了我們的信任。

　　到現在我們雙方都抱著感恩的心情共處，因為我們給她的尊重，讓她重拾開朗，我們每天見面都充滿歡笑。

　　每天晚上回家，她都會很興奮地報告，她跟珈珈今天做了什麼事，或者她們倆今天做了什麼好笑的事。而看她這麼開心，也看到珈珈對她的依賴，我很感謝老天派了一個天使來家裡。

有一次晚上我因為加班晚下班，回到家後剛好貝兒在客廳跟妹妹用網路聊天，她趕緊結束後，要給我私人的空間讓我休息。我跟她說不用迴避，因為她是我們家人，這就是她的家。

她突然跟我說，她無法表達她對我們的感恩，她說她從來沒有遇過像我們這樣的雇主，所有朋友都很羨慕她。其實尊重她一點都不難，因為她對珈珈的愛很真誠，我們不僅感受得到，也從珈珈快樂的笑容裡看的到。我們選擇尊重她，是因為我們尊重她的專業，並且給她足夠的信任讓她照顧珈珈，因為她在珈珈成長過程裡，扮演一個非常重要的角色。

她週一到週五每天長時間與珈珈親密相處，能讓她開心也就是讓珈珈開心，雖然我們無法給她很豐厚的一筆薪資，但是在我們能力範圍，並且不影響行情的情況下，我們儘量給她應得的報酬。

也許是緣分讓我們相遇我期望接下來的日子裡，她會在我們家繼續待下去，繼續與我們一起將珈珈快樂地拉拔長大。現在看她們倆真的是最佳玩伴，而珈珈也很給貝兒面子，都很聽話，也不常鬧脾氣。但是她知道貝兒比爸媽寵她，所以被爸媽罵的時候都會偷看貝兒，但貝兒常常被我們提醒，她是來幫我們照顧珈珈的而不是服侍珈珈的。所以該管教的時候，我們也有和她時常討論，這樣三個人有了共識，要保持站在同一陣上的態度。在教育珈珈的時候，才不會讓珈珈有縫可鑽。

玩具價值觀

●‧●‧‧●‧●‧‧●‧●‧‧●‧‧●‧‧●‧●‧‧●‧●‧‧●‧‧●

我很愛逛玩具店，但是每次逛十次有八次都是空手出來，因為我真的不知道什麼玩具適合珈珈玩。做媽媽的心態不免都是希望，花錢買的玩具，孩子可以給點面子玩久一點，而不是三分鐘熱度玩沒幾次就被打入冷宮。所以家裡很多玩具，都是我自己利用資源回收做的，不僅可以省錢，珈珈還很喜歡，有些被她玩到爛了還在玩。其實現代的孩子真的很幸福，玩具的誘惑也比我們小時候來的大，連便利商店都賣起玩具，各式各樣的玩意有時連大人都愛不釋手。

孩子與大人似乎每天都在進行買與不買玩具的拉鋸戰，有時爸媽不得不投降，幫孩子買玩具。因為有些孩子拗到會在地上打滾大鬧，非買不可。所以我跟馬先生其實也是有點「ㄅㄨㄚˋ地等」。因為不知道固執的珈珈大了一點後，會不會不買賬。

不過我們倆深信，自己堅定的態度最終還是會贏的。

除此之外，家裡的玩具也都是有計畫地給珈珈。有時親朋好友送的玩具，我們也會在拿回家後先收起來，與其他舊玩具不定時輪流拿出來，而小巧的極品，就會留到出國外出時才使用。在我們家，基本上玩具分為三種：外出用的有趣小巧玩具、家裡用的中大型玩具，以及媽媽牌回收玩具。

對記憶力還不是很好的幼童來說，這些舊玩具再次出現，會讓他們因為有熟悉感，而玩的更開心。當然我們也不隨意丟玩具跟書本，即使被撕爛被扯壞了，我們也不會去買一模一樣的遞補。雖然有時會心疼，想再買個新的來替補壞掉的，但是看了玩具總動員3之後，我覺得應該教珈珈珍惜。

我們會教孩子，玩具即使壞了也是可以修，修不好的可以用膠帶黏著，玩玩具時，不要把玩具敲爛，用力把書撕破。我跟馬先生約定，要買玩具給

珊珊可以，但是只能一個月一次，而且是給她驚喜的方式。如果出去她吵著要買，會努力解釋，跟她說為什麼不能買。有一次回台時，她在誠品搬了一箱Hello Kitty的樂高來找正在買書的我，馬先生看珊珊努力地搬著比她還重的玩具，一直幫女兒偷偷使眼色，要我買。

但是我一看，這玩具要價台幣兩千塊，所以我跟珊珊說「妳連搬都搬不了了，表示這玩具不適合妳這個年齡玩，可以請妳交給爸爸幫妳放回去，然後妳可以幫媽咪選兩本妳喜歡的書嗎？」她當下當然很大聲地說NO，怎樣都不屈服，但是我一手把樂高給馬先生，一手推著珊珊，很興奮地問她想要買什麼書，慢慢往幼兒書籍區的方向去。

當下完全是使用焦點轉移法把她騙走，出來時不小心又被她看到那個樂高，我趕快拿袋子裡的書，跟她說：哇！妳今天選什麼樣的書？我們等一下上車來看看好嗎？

當然其他長輩沒有爸媽的堅持，是抵擋不了珊珊的。

一次趁外婆推著她在百貨公司等又再買書的我時，剛好不小心經過Hello Kitty專櫃，當時我已經提醒我媽經過那一區要小心，但她心想，帶去看看應該沒關係，誰知道，坐在娃娃車裡的珊珊看中一個Hello Kitty的小包包，一手就抓住，而且死命不放。

我媽跟她好言好語說：「妳媽媽說，不能幫你買玩具。」然後想辦法把珊珊手裡的包包拿走，但固執的珊珊一直跟外婆裝可愛，拿著包包靠近臉，又抱又親愛不釋手，我媽見狀，拿了一個比較便宜的想要騙珊珊，但珊珊怎樣都不願意交出來。

最後我媽很緊張的跟珊珊說，「不行不行妳得把包包給阿姨拿去算賬，不然人家以為我們偷東西。」

這樣一說，珊珊馬上把上交出包包，給店員剪吊牌算賬。等我買書出來後，看到珊珊手裡緊緊抓著看似不便宜的Hello Kitty包。

我媽沒等我開口就說：「沒辦法，妳女兒比妳還會卡油，我抵擋不

了。」

　　一問才知道，珈珈手裡買的可是台幣900多塊的包包，而我媽原本想用300塊的騙她，最終我偷偷跟我媽說，沒辦法，誰叫她是我女兒，知道什麼是好貨。最後我還是彎下身來，跟珈珈說不可以跟外婆這樣要禮物，而且要她愛惜。之後我就一直逼她自己拿著她的貴婦包。

　　其實我們寧可幫她買書也不要買玩具，因為珈珈喜歡看書，而且我們也常說故事給她聽。所以我們家的童書非常多，而且會不定時幫她添購，因為對這年紀的孩子來說，什麼都好玩，什麼都可以當成玩具。

　　當然有一些親友送的、很特別的玩具她會很愛，但是我們覺得，爸媽如何使用玩具來教育孩子，是可以影響孩子們未來的價值觀的。如果對孩子每求必應，那麼他們就無法學習如何面對自己永無止境的慾望。並且讓他們知道，家不是繞著他們打轉，爸媽辛苦賺的錢不是百分之百都投入在他們身上，不過這也是要爸媽自己以身作則的，不能口聲聲跟孩子說，不可以貪心買這又買那。但是週休假日，什麼地方不帶偏偏帶孩子去商場，然後又在孩子面前買大人自己的物品。這樣很難讓孩子理解，為什麼爸媽不買他們想要的東西，但是大人自己的東西卻買的很爽快。

以下是我們資源回收做玩具的分享

投投樂

　　珈珈很喜歡投投樂，這遊戲不僅可以訓練小孩手指協調、腦力發展，還可以訓練專注力，所以我用了空鞋盒，跟大小不同的寶特瓶，幫她設計了幾款投投樂的遊戲。

　　最簡單的，就是利用小孩子拉取式鞋盒，在外盒子上的中心點切一個小口，然後拿嬰兒玻璃罐食品的蓋子當作投幣，這樣就完成了。或者可以用家庭號優格盒，在蓋子中心點切開一個十字口，因為蓋子通常很軟有彈性，然後再用彩色乒乓球當成投物，讓小朋友一顆一顆投進去。

自製抽取式毛巾盒

這年紀的孩子，很愛把家裡的抽取式衛生紙抽光。所以為了讓珈珈抽到爽，但又不浪費家裡的衛生紙，我利用平底的塑膠盒，在盒蓋中心點開個十字口，然後把家裡多到不行的手帕一條一條疊起來，放進塑膠盒裡，讓小朋友抽。

疊疊樂

因為珈珈喜歡把積木一個一個疊起來，但是在我們確定她喜歡玩積木以前，我請同事幫我收集寶特瓶蓋，然後我將兩個寶特瓶蓋互黏起來，讓珈珈練習疊疊樂。剛開始她因為手指協調不是很俐落，所以瓶蓋很容易倒，但是練習幾次後，自己可以疊四五個沒問題。

包裝變樂器

在珈珈三歲以前，我們不打算給她知道什麼是糖果甜食，但是便利商店用來包裝食品的盒子，也是動手做樂器的元素之一。通常是自己把裡面的巧克力吃掉，然後在包裝裡面放迴紋針後，用膠帶黏死，這樣就是一個會發出聲音的玩具，而且大小剛好是珈珈一隻手掌握的住的樂器，不然就是利用她的奶粉罐，用膠帶將奶粉罐外觀黏起來做裝飾後，讓珈珈敲敲打打，因為奶粉罐很輕，所以她自己可以抱著跑來跑去玩。

一百元店常賣的塑膠烘培模型，可以將它用一條粗繩串起，這樣很簡單的就便成叮叮噹的樂器，可以串在小孩的手臂上，讓他們搖出聲音。

珈珈0-3個月成長紀錄

●·●·●·●··●··●·●··●·●·●··●·●·●·●

出生第9週又1天 體重：4.2kg　身長：55cm

滿月檢查—體重：5.2kg　身長：59cm

第二個月檢查—體重：5.8kg　身長：62cm

第三個月檢查—體重：6.2kg　身長：64cm

我在懷孕時，並沒有測出紝娠糖尿病，但是有家庭病史，所以當寶寶出生過4000克時，醫院必須檢查是否有糖尿病，好在並沒有。在醫院住了三天後，珈珈出現了黃疸，所以原本預定三天後跟我轉到醫院附設的月子中心，最後因為黃膽指數超過出院標準，因此必須留院觀察。大約在醫院住了七天後，才到月子中心與我會合。

珈珈3個月時會做的事
喝奶

吸母奶像吸鐵一樣，第一次一拍就上。因為是大寶寶的關係，所以吸力超強。但是也因為是大寶寶的關係，媽媽我的奶量不夠她喝，所以有搭配配方奶。一方面可以讓寶寶不要餓到，另一方面也讓爸爸有參與感。雖然有時寶寶急到猛頂爸爸的胸膛找奶，這時爸爸只好尷尬的用不標準的國語說：「我妹又奶啊。」

大約在第六週左右，會自己拿奶瓶，不要喝的時候，也會自己拍大人的手。有時她會很氣我們逼她喝，會用力的拍掉奶瓶。不過要逼她喝也是不得已的。因為我的母奶在滿月後，可能是因為忙碌自己停了，加上她每天喝的奶量都不及她體重該有的量，所以每次餵她喝奶，都像作戰一樣。但是最後我們還是隨她去，每天想喝多少就喝多少，反正我只在一定的時間餵她，她

不喝就等下一輪餵奶時間。這樣一來我也不會因為她的奶量而傷神，只要每個月的成長檢查，她都有增高增胖，就沒有必要這麼緊張了。

睡眠

滿月前，幾乎隨時都在睡。差不多三週開始，才開始稍微有比較固定的作息，下午時，醒的時間比較多，醒來的時間也比較規律。醒來時，喜歡盯著牆和電燈看。等到滿月後一天，才清楚的看到她兩隻墨綠色的大眼。不過因為還小，所以眼睛顏色應該還會變。現在則是偏綠的咖啡色。

大約第五週左右回港後，就讓她自己在自己的房間睡嬰兒床。因為是大寶寶，所以已經差不多可以睡整晚，不需要夜奶。每天幾乎是從晚上十二點，睡到早上六點。但有時不知有多累，可以半夜睡到隔天七八點，不過為了讓她半夜不會驚醒，我回家後，還是繼續用包巾包著讓她仰睡，直到她自己在七八個月時掙脫開為止。

白天大人醒著時，我會讓她在睡籃裡左右輪流側睡，只有晚上仰睡。雖然現在小兒科的醫生，為了避免SID（SUDDEN INFANT DEATH）都提倡仰睡，但是我有聽說有新手爸媽因為害怕，所以小孩不管醒著或是睡著，都給她仰著睡。最後等到寶寶自己會翻身時，發現已經是扁頭，而且改不回來了。為了美麗的頭型，我們白天讓她左右側睡。

洗澡

剛開始珈珈怕到下巴會緊張到顫抖，雙手會緊握拳，然後嚇到哭不出來。但是滿月後的一天，自己不知怎樣就愛上了洗澡。我跟她爸爸第一次幫她洗澡時，因為兩人過度緊張，洗完澡之後兩個大人滿身汗。差不多兩個月後，每天晚上幫她脫衣服、跟她說要洗澡時，她就會很high。即使原本在大哭，這時就會停下來興奮的踢腳。但是下水的那一刻，兩隻小腳還是會緊張的縮一下。

語言表達

珈珈不算是愛哭的小娃兒，很少會激烈的大哭。有的話幾乎都是很餓的時候，平常尿布髒了，會叫一兩聲，早上醒來肚子餓了也會叫幾聲。所謂的叫是真的「唉」個一兩聲。這時出現在她面前，問她是不是要換尿布了，還是肚子餓了，她會害羞的笑笑，但是也是有不知原因、瘋狂哭鬧的時候。這時連媽媽的第六感也不知道為什麼，只好努力的哄她。

大約兩個月左右，開始偶爾會發出聲音，會發出ㄅ、ㄇ、ㄍ的音，最愛發出「阿不」的聲音，因此我騙她爸爸說，珈珈好利害會用台語叫媽媽。可惜她爸爸並沒有被我騙，但是會開始跟大人對話，最喜歡大人問她，今天做了什麼，不然就是說，她可愛。這時她會很興奮的回答，要不然就是靦腆的微笑。

在滿兩個月以前，會偶爾被哄到咯咯笑，不過只有她外公可以做到。直到滿三個月後，有一天她爸爸在幫她按摩她的金華火腿時，發現她的笑點。所以只要跟她玩嬰兒按摩時，她都會瘋狂地咯咯笑。

玩玩具

在三個月以前，只會盯著玩具看，對顏色豐富的玩具比較有反應，心情好時會自己跟玩具說話，直到快滿四個月左右時，會自己拿起玩具，丟掉又撿起，也開始表現出對某個玩具的喜好。要睡覺時，喜歡找她的桃紅兔舔一舔，聞聞味道。因為兔子的耳朵很細長，所以她的小手可以握的住，加上顏色鮮明，所以我猜這是她比較喜歡這隻兔子的原因。

身體發育

三個禮拜左右，護士發現她的頸子很有力，已經可以左右轉。五個禮拜左右，直抱可以撐起她的頭，不過到了三個多月左右，才愛上趴姿。在那之前，我每天只給她趴個幾分鐘，直到她大哭。不過有時心情好，會趴著吃

手。三個月半左右喜歡上小飛俠姿勢，就是爸媽撐起她的肚子跟腋下，她自己兩隻腳會挺直，她喜歡這樣在家裡各角落飛來飛去。

三個月左右開始，她可以靜靜的依靠在大人身旁，坐個一個小時。就一個人乖乖的左右亂看，但是平時就給她坐在躺椅上，有玩具跟音樂陪她。有時會吃她的拳頭、有時兩隻小腳會左右互搓，有時眼睛會跟著大人走。最喜歡的應該還是坐在躺椅，跟大人玩。

三個月抱她，她兩隻腳會用力的站著，大人由腋下撐起，她的兩隻腳可以穩穩的撐起她的身體。差不多一天會給她練習個幾次，有時爸爸撐著，媽媽用手教她兩腳互換的走。

以上是珈珈出生到滿三個月間的成長紀錄，因為沒有同期寶寶可以比較，所以不知道珈珈這樣是合格還是不合格。不過正因為如此，所以比較沒有媽媽互相比較的心態。雖然不期望自己寶寶是天才，但是只要珈珈有新的花招，她老爸就覺得她女兒超厲害。

珈珈4-6個月成長紀錄

● ●

第四個月檢查——體重：7kg　身長:65cm

第五個月檢查——體重：7.5kg　身長:67cm

第六個月檢查——體重：7.9kg　身長:70cm

從第四個月開始，珈珈的性格開始變得明顯。對新手爸媽來說，就像等待開花的花苞，突然綻開花朵般，讓我們很興奮。期間帶她出遠門，去了一趟紐澳渡假，而且完全沒有時差的問題，在飛機上也來回一路睡。當然也經過了第一次生病，搞了兩個多禮拜，還傳染給全家後才好。不過最讓人振奮的是，看著她的成長，由一個嗷嗷待哺的小嬰兒，變成有主見有思想的小娃兒。

4—6個月珈珈會做的事
食

滿四個月後，在醫生允許下我們開始餵食副食品。那時才發現，原來珈珈先前不喜歡喝奶，每次都喝喝停停，有時心情不好看到奶瓶就大哭，其實都是厭奶。沒有人想到這小孩這麼愛吃副食品，第一次給她米糊的時候，聽醫生指示，讓她一小口一小口試，沒想到她則是一大口一大口吃。如果怠慢，她還會嘴巴張開來找湯匙，第一次吃米糊她就吃了60克。

但是我們並沒有一次給她所有的副食品，為了讓她習慣用湯匙吃飯，我們先是持續餵米糊加奶粉。一個月後，才開始讓她嘗試不同的蔬菜，而且是由低過敏原的橘色蔬菜開始。而且每試一個新的蔬菜種類，同一種類都先持續重複餵食一週。一方面可以讓她有機會去習慣這個蔬菜的味道，還有最重要的是，如果她對某種蔬果過敏，她會在食用後幾天出現疹子，這樣就容易

預防過敏。

除此之外，所有副食品都是買有機蔬菜，自己在家裡做，儘量不買罐頭。即使買，也是外出時使用。這樣不僅可以讓她吃到更健康的食物以外，也可以省錢。最重要的是環保，因為這種副食品畢竟是消耗品，以珈珈目前的食量，一天吃兩罐，那一個月就近124罐玻璃罐，更別算要花多少錢。所以在決定，自己準備她的副食品後，我們開始由小紅蘿蔔搭配米糊，每個禮拜再慢慢加入地瓜、南瓜、馬鈴薯，待滿六個月後，開始加綠色蔬菜，像花椰菜、菠菜等。而當她習慣這些味道以後，才用雞骨湯去油當湯底，然後再把馬鈴薯與南瓜打成泥，加一點雞骨湯，或者用花椰菜、紅蘿蔔，和馬鈴薯打成泥，加雞骨湯後，分裝冷凍。我們都是週末先煮好一週份量，如果家裡有些用剩的小玻璃罐，也可以將這些健康的自製副食品，裝進這些玻璃罐裡，再用熱水煮20分鐘真空，這樣有效期限就可以拉長，外出時也方便。

睡眠

在睡眠方面，珈珈並沒有太大的問題，四個月慢慢開始有稍微明顯的規律作息。由於都是晚上在她睡前幫她洗澡，沒有特別的原因，只單純的希望，可以讓我們下班後有時間與她親密接觸。但是有發現，晚上洗澡可以讓她一覺好眠。並且設定她的習慣，讓她知道洗完澡後，喝完奶就是要睡覺。五個多月開始，她會規律的從晚上九點睡到隔天早上六點。白天早上跟下午，都會再睡個一到兩小時。當她要睡覺時，是完全不管三七二十一，唉個幾聲、討奶嘴跟心愛兔兔後，頭一定往左側一轉就睡。累的時候，整個過程只須三秒，有時還會累到打呼。隔天早上一覺好眠醒來後，會非常興奮，像是期待新的一天的開始，因為她醒來已經不會大哭，急著要爸爸去抱她，而是自己在床上講話唱歌。雖然都是說嬰兒語，但是聽得出講話與唱歌時的聲調不同，有時自己也會玩到咯咯笑。

第一次感受到珈珈的成長是她四個月的時候。那幾天晚上都會哭幾聲，

原以為她可能是太熱或者是要討奶嘴，結果才發現原來她是要掙脫包巾，因為小手被卡住無法伸展。那時深刻的感受到珈珈長大了，她不需要包巾的安全感，可以安然的成大字型睡去。

洗澡

這應該是每天她最期待的例行公事吧，因為每當幫她脫衣服的時候，都會非常開心的用力踢腳，五個月左右，會自己穩穩的躺在澡盆裡，享受熱熱的泡泡水和玩她的小鴨子，不過通常都是吃她的小鴨子居多。有的時候會和馬先生一起泡大浴缸，但是還是不喜歡洗頭，因為每次將她的頭倒下去洗頭，她的小手就會緊緊的抓住大人的衣服，明明害怕想哭，但又裝勇敢的模樣真的很好笑。六個月會坐以後她會自己抓著小澡盆坐著，從背後看上去，像是老婆婆般，駝著背坐在那盯著水，等人幫她淋上洗澡水。

語言及情緒表達

在需要換尿布或者肚子餓的正常哭聲以外，六個月左右會裝可憐的哭，而且是哭的很可憐、很受欺負的聲音。這種哭聲通常都是需要大人陪她玩，或者是無聊才會這樣裝可憐。這時，只要大人去抱她、或者去跟她講話，她就會由哭臉馬上變笑臉，而且會開心到踢腳。沒想到這麼小的嬰兒，就懂得抓住大人的心。

除了發出嬰兒語的ㄅㄇㄍ音，也開始會邊玩邊自言自語，不然就是在吃副食品時，會很開心的分享、品嚐心得，邊講邊噴紅蘿蔔泥，不然就是偶爾跟大人對上幾句話。不過比較起先前說話的頻率，在五六個月後開始有變少，不知道是不是因為家裡講三種語言讓她有點搞不清楚，但是這時發現她對義大利文的反應，比中文來的好。也許是她爸爸講話誇張的表情，讓她對義大利文比較有反應。

自從會咯咯笑開始，我們發現珈珈很愛笑、而且她的笑點都很低，但是

不知道跟她天秤座外向的個性有沒有關係，只要出去看到人跟她打招呼，她就會靦腆的笑笑。而只要我跟馬先生裝奇怪的聲音，她就會咯咯大笑。一次意外的發現，她喜歡我裝米妮老鼠的聲音，當時其實她很想睡覺，所以就很悽慘的哭著，吵著要睡。但是聽到我裝米妮的聲音，又停頓盯著我咯咯大笑幾秒後，又想起自己想睡覺。就在那反反覆覆、哭哭笑笑幾分鐘，直到這個做媽的我玩盡興後，再放她去睡覺。

從來都沒有考慮過，這麼小的寶寶也有自己的情緒表達。在紐澳渡假回來後，我必須馬上出差。當時因為忙出差，所以沒有想到需要跟珈珈解釋。就在出發前晚，不知道為什麼，珈珈看到我下班回來就是不笑，而平常她看到我下班回家會很明顯的興奮，但是那天就是不理我，跟她玩她還會轉頭，直到馬先生說，應該是因為我沒有跟珈珈說我要出差的事，而她看到我忙進忙出整理行李，加上她才剛跟我們渡假回來，所以知道那紅色的行李箱是做什麼用的。就這樣，我在半信半疑之下，好好的跟她解釋，我是要去工作，不是去玩，要她乖乖在家等我回來，就這樣說也奇怪，瞬間她就笑了。

在六個月時，珈珈的認知又更清楚，每當周末一過完到禮拜一的時候，褓姆說珈珈都會很明顯的探頭要找我們，如果左探右探找不到，就會哭幾聲，而且整個人像是患了週一症候群，一整天都很憂鬱。直到晚上我們回來，她又會很興奮。也許是她已經到了會認人的階段，知道誰是她的爸媽吧！

玩玩具與看電視

自從會拿起玩具以後，自己會坐在小躺椅上玩，不過幾乎都是把玩具放進嘴裡玩，要不然就是拿著玩去敲敲打打，而且只對硬的玩具有興趣，軟的咬一咬就不要。在極少的幾樣玩具裡，最愛的還是鏡子，不過都還是放進嘴裡，比拿來看自己來的多。五個月後，她愛上天線寶寶，每次只要播放天線寶寶，她會很認真的看，而且會跟天線寶寶說話，還會邊說邊看大人，彷彿

好像在跟大人說，「你看！」。由於不希望讓她變成電視寶寶，所以我們是選擇性地讓她看電視，而且會邊看邊跟她對話，而不是放她在電視機前，讓電視做她的褓姆。

在珈珈滿六個月後，電視與玩具已經無法滿足她的好奇心，她會要大人抱著她到處在家裡走動，有時不得不背著她做家事煮飯，而這時的她，會好奇的觀察，看大人的一舉一動，如果看到她熟悉的動作，像是幫她泡牛奶，在泡完後，會伸手要來抓她的奶瓶。

身體發展

在四個月時，她終於喜歡趴著，而且可以趴得比較久，但是還不太會用手撐起。在五個月時，自己發現可以從躺著，轉成趴著，身體就開始像毛毛蟲一樣扭來扭去。很明顯的，她的上半身比下半身來的靈活，因為在六個月的時候，她會轉身去抓東西，可是往往都會失敗，因為還不知道用腳跟屁股去支撐自己的上半身，所以我們在地毯上放上大毛巾跟大枕頭讓她在地上轉來轉去，同時也開始讓她學習坐著。剛開始她會慢慢地往前傾之後，再往旁邊倒。所以我們就在她腿中間放一個玩具卡住，差不多在六個月時，可以安穩的坐著，這時她發現她的腳，所以每次坐著時，都會要抓腳來吃。不過大部分的時候，會因為手腳亂踢而往旁邊倒。

除此之外，差不多四個多月開始，她什麼都舔，明顯的藉由舌頭來感受東西。五個多月，由舔變成咬，而當六個多月時，她的手開始感受到觸覺，因為當她摸到不同材質的東西時，會非常驚訝。譬如我的頭髮，每當用頭髮輕輕撥過她的臉頰時，她會因為癢，所以閉上眼睛。不過當她摸到我的頭髮時，她臉上的表情像是發現新大陸一樣驚奇，是那種又驚訝、又興奮、又覺得不可思議的臉，而她也會讓頭髮穿過她的手指頭，然後再盯著手指看。還有，她也愛上布玩具上的標籤，由於我們並沒有剪掉所有布玩具的洗衣標籤，有的有好幾頁。而這時我們發現，珈珈會很仔細的想要一頁一頁翻開

來，她可以這樣安靜的玩上十幾分鐘，專注在要翻開那小小的洗衣指示的標籤，直到因為無法一一翻開，而氣餒的唉幾聲。

慢慢的看出，她的個性雖然平靜，但是是個外向的寶寶，喜歡出去探險。每當出去時，她都會很開心，不過也看得出她固執的一面，只要她不要，就勉強不了她。但最終說來，珈珈算是個乖寶寶。許多時候，只要跟她解釋，讓她知道，即使原先怎樣逼她，都不願意做的事情，像是生病時幫她灌藥、或者是讓她吸噴霧器，她最終都還是會乖乖的配合。我想她應該是發現，順著我總比我一直扒著她，講她聽不懂的話來的好，所以放棄跟我鬥吧！

珈珈7-9個月成長紀錄

● ● ● ● ● ● ● ● ● ● ● ● ● ● ● ● ● ● ●

第九個月檢查──體重：9.5kg　身長:74cm

七個月開始，珈珈會做的事情愈來愈多，跟她相處也愈來愈有意思。當然由於她開始好動，所以每到週末，我們爸媽的體力就會被她用盡。但這應該也算是甜蜜的疲勞，我們還蠻樂在其中。滿九個月時，我們帶她回台北，沒想到在天母地區，很多不認識的人為之瘋狂，外出帶著她，就會莫名吸引所有人的目光，還有高中生在7-11尖叫，像是看到明星一樣，為此她老爸還很驕傲的說，他女兒生來就注定要當名人。以後會不會是名人還不知道，只希望不要是負面新聞就好了

珈珈7─9個月會做的事
食

七個月開始，珈珈的副食品就可以多變化。每天四個多小時進食一次，中間搭配兩餐副食品配牛奶，但是已經從馬鈴薯南瓜轉變到豆腐山藥跟鮭魚，這些豪華營養類。基本上，珈珈沒有不愛吃的食物，雖然每次吃到花椰菜的第一口，都會做出怪怪的表情，但是通常還是會乖乖吃完。不過她那個怪怪表情跟吃冰淇淋一樣，所以我們猜想，應該就是她覺得口感怪，但又好吃的東西吧！

除此之外，珈珈是個吃東西很乾脆的人。平時餵食副食品的時候，必須動做很快的餵給她吃，如果怠慢幾秒，她會很不高興的唉幾聲抗議，因為她要迅速的吃完她喜歡的食物，但是如果她不要再吃的時候，不管是牛奶或者副食品也好，她都會用手推開。這時如果再強制餵她，她就會非常生氣轉頭大哭，表示如果她不要再吃，就是不要吃。

回台期間，發現她會偷吃大人手裡的食物，因為有一次當家人抱著她吃著車輪餅，待大人講話時，發現她偷偷低頭舔車輪餅裡的香甜奶油。這個行為把大家笑到倒地，而且她還吃到發出吱吱聲響，品味可口的奶油。

睡眠

基本上睡眠時間很固定，晚上可以從九點半睡到早上六點，中間需要半夜一次的夜奶，但是由於都是邊睡邊喝，所以只要我們準時餵奶，她其實完全不會醒來。白天早上跟下午會睡四十分到一個半小時的午覺，但是只要到周末看到爸媽的時候，這白天的休息就很難搞定。因為她會想起來要跟爸媽玩，但是自己又很累，所以常常要搞個十幾分鐘才能入睡。然而週一到週五，保姆則是很輕鬆的，時間到了，放她下去小床睡，她自動會睡著。

在九個月前後，由於她長牙中，所以有時需要有人摸摸她才能入睡，而且她非常喜歡嬰兒按摩。每次晚上只要看她翻來覆去睡不著的時候，就幫她按摩。這時她就會兩眼發呆，然後很舒服的躺著、讓我按按肩膀紓緩小腿肌肉。

現在開始，睡覺會抱著她的兔兔，而且會拿近聞聞味道，有時還會當眼罩遮住眼睛。有時又會搓搓兔兔的小手，有時會緊緊抱住。看她這樣抱著兔兔，真想把她抱起來緊緊抱住一同入睡。不過她出生到現在，我們從來沒有讓她跟我們同床的習慣，但有一次，她在床上跟我玩到自己在我手臂裡睡著。那種幸福的感覺，頓時終於了解，為什麼這麼多媽媽喜歡抱著小孩入睡，真的是說不出的幸福。但是也許是沒有同床的習慣，所以珈珈晚上如果自己醒來，就自己東摸摸西摸摸，還是可以繼續入睡，不需要大人來哄，除非做了惡夢才需要大人稍稍安撫。雖然少了這種甜蜜的擁抱入睡，但是珈珈在睡眠時比較獨立。

洗澡

　　珈珈是一個非常喜歡洗澡的小朋友，坐在澡盆裡，會用手摸摸泡沫，洗頭時，也會把水從頭淋下。會被嗆幾聲，但是還是繼續玩。剛開始會很氣她爸爸這麼殘忍，不過幾次後，看她不怕水，還會自己撥開臉上的水，才發現有時過於擔心真的是多餘的。有的時候珈珈也會跟爸爸一起淋浴，她很喜歡蓮蓬頭的水輕輕打在背上、很舒服的感覺。如果把她轉開，她會一直想轉身回去，再享受一下。

語言及情緒表達

　　七個月開始珈珈發出的聲音特別多，從基本的牙牙聲轉變到 ㄅㄚ ㄅㄚ ㄋㄟ ㄋㄟ ㄅㄚㄅㄚ ㄇㄚㄇㄚ。當聽到中文兒歌的時候，會很興奮的拍拍手，然後身體前後用力的搖晃，有的時候，兩隻手會像蝴蝶一樣揮動，甚至會發出尖叫聲。平時開心的珈珈，會有很多甜美的笑容，有時靦腆的微笑，有時快樂的大笑，有時一點點嘴角上揚的小笑。但是不管她怎麼笑，我們爸媽倆的心都會融化。當珈珈不開心的時候，她會很明顯的鬱悶，怎樣都不露出笑容來，只會抿嘴瞪大眼睛無辜的看著你。

　　七個月開始，珈珈的個性就明顯的非常固執。很清楚自己喜歡什麼、不喜歡什麼，以及要什麼跟不要什麼，當我們帶她去買東西的時候，倘若給她兩樣東西讓她選，她起先會兩樣都看看，然後最終會伸出手來拿她想要的，而且即使兩樣東西左右手對調，像洗牌一樣，重新讓她再選一次，她還是會去拿她先前選的那一個。有的時候，如果她是兩個都不要，她就會盯著看，然後怎樣都不出手。

　　除此之外，珈珈開始會用小手指比的方式回答我們的問題。譬如在照片面前問她，珈珈在哪裡？她會去指照片中的自己，如果帶到陽台邊問她，長頸鹿風鈴在哪裡，她會仰頭指著風鈴，還有站在電燈開關前跟她說幫我關燈，她會伸出小指頭用力按下去，這些小小的細節看得出她的成長。但是由於家裡跟她講三國語言，然後她也還不會說話，所以我們無法知道她對哪國

語言比較敏銳。目前我們只知道當她累了想睡覺、跟肚子餓想喝奶的時候，會講ㄋㄟㄋㄟ，但是我們也不知道，她到底是不是在指，她累了想喝奶了的意思。

雖然珈珈個性很鮮明，但是還好她不拗，所以到目前為止，都還算好帶。但是我們爸媽必須自我教育，要尊重她的想法，不能將她當奶娃看，事事幫她做決定。因為她有明顯的喜好與需求，雖然她不會用我們聽得懂的言語表達，但是她用其他動作表示，因此我們告訴自己，當我們發現她在表達，就不能忽視，這樣她才不會用較激烈的方式博取我們的注意力。

玩玩具與看電視

我必須承認，雖然我並不覺得我有新手媽媽適應方面的問題，對於珈珈出生到現在的每一個階段，我都還能應付，但是唯一沒轍的是，不知道她到底適合什麼玩具跟什麼類型的教育卡通。譬如珈珈喜歡的天線寶寶、查理與羅拉，跟Mickey Mouse Club House。這些都是她爸爸幫她選擇的，甚至連巧連智也是聽朋友推薦的。我除了跟她唱唱我童年的兒歌、跟她拿故事書胡言亂語一番，我還真不知道她這階段需要什麼類型的玩具來做刺激，所以最後我就拿家裡的空寶特瓶裝綠豆，讓她當樂器，不然就是廣告紙或衛生紙給她撕。有一次，家人買了適合她月齡的玩具，珈珈對它愛不釋手，而且不用教，自己就知道怎麼玩。

但是，也許現在小孩都比較敏銳、好奇心高，所以往往一樣玩具的時效都不久，所以我們家會讓玩具風水輪流轉，家裡幾樣玩具會不時的拿出來跟收回去，不讓珈珈一次看到所有的玩具，想辦法維持她對玩具的新鮮感。但是我們發現，對珈珈來說最好的刺激就是出門去。每當出門，即使只是到家樓下看路人來來往往，她就很高興，完全不會吵也不會討玩具。有趣的是，只要跟她有一面之緣的大人，她就願意跟他們出去，完全不在乎爸媽會不會跟去，她會很放心的跟著有見過面的叔叔阿姨出去逍遙。最喜歡去的地方，

就是公園跟超市。她喜歡在公園看其他小朋友玩樂，雖然她還無法跟其他小朋友玩，但是她只要看到小朋友踢球、追來追去，她自己就會high到不行，非常容易滿足。再來就是喜歡坐在超市的推車，因為有太多東西可以看，有時還會轉頭看看爸媽買了什麼，即使是很重的牛奶瓶，她也會要拿起來把玩一下。珈珈對事物有極高的興趣，對小細節也特別有好奇心。

身體發展

珈珈出生就從來沒有軟綿綿小小隻過。一出生就是別人小孩三個月的大小──55公分。而且脖子在出生後兩周，就很會左右轉動，但是沒有想到這個好吃又好動的小朋友，在九個月時就長到74公分，是普通小朋友一歲的身長。傳統的七坐八爬在她身上完全亂掉，她差不多五個月時，就會自己坐，滿六個月後，就可以穩穩的坐著，不需要枕頭靠，在七個月時，會扶著床邊，站在小床裡，但是還是必須兩隻手穩穩的抓著。如果不小心放一隻手就會倒下，不過這時她能從躺著到自己爬起來坐著，也很會坐螃蟹車，差不多在八個月的時候，就開始可以大人扶著走路，但是像雞走路，一顛一顛的，而她卻是九個多月才會爬。不過這時的她，又會扶著東西游走，也會由坐爬起來到站著，有時會跪著，玩箱子裡的玩具。

而且也開始聽得懂一些指令，譬如跟她說，拍拍手，她會興奮地拍拍手，跟她說掰掰，她會用力的上下揮手。早上看到爸媽穿好鞋要出門，也會揮揮手說掰掰，如果說哈囉，她也會揮揮手，也開始認得人，分辨得出自己、爸媽跟褓姆。如果拿照片問她誰是誰，她可以清楚的在照片裡指出來。九個月給她穿上學步鞋後，當大人雙手牽著走時，步伐就比較穩，而且急的時候，還會走得很快。不過有的時候跨太大步，就會像劈腿一樣，後腳跟不上來；也會開始由躺變成坐，然後由坐變成雙腳跪著後，再扶著東西站著。雖然這個過程還不是很順，不過當她用自己的力量站起來後，會非常開心的大笑。

　　九個月的珈珈，也會自己拿餅乾吃，自己拿著奶瓶扶把喝牛奶。餵她稍微固體的東西會咀嚼一下，不過還是會被嗆到。所以還是要多多訓練，除此之外，她也能單手拿起一顆小圓球，也能將廣告紙和衛生紙撕成小塊，然後趁我們不注意吃掉，所以他的手指協調還算敏銳。現在最喜歡的，就是兩隻左右食指比東比西，東壓壓西壓壓的，而且很喜歡翻書，每次都是抓著書，很快的翻完後，再重新翻一次，但是最終這書還是會到她嘴裡咬啊咬。

　　自開始長牙後，她就很愛把東西放嘴裡咬，所以家裡的東西都有她的口水，而且那種傳統的咬牙膠她根本不要，她只選硬的咬。還好她長牙並沒有造成太多的不適，飲食睡眠都沒有影響到，頂多是很會大便跟比較黏人，只不過我們不知道還要跟沾滿口水的小臉跟小手相處多久。

　　這時的我們雖然很享受珈珈的成長，但是相對的，也很想念之前我們大人出門吃飯時，她可以乖乖躺在娃娃車裡不吵不鬧的時候。現在外出用餐，我跟馬先生幾乎要輪流吃飯。一到餐廳就必須把所有裝備擺置齊全，將所有危險的刀叉盤子之類的移走，每餐要控制在珈珈可以忍受的40分鐘內，不然她就會不耐煩地大叫。有時也要像餵鴿子一樣，丟點小麵包或餅乾分散注意力。不過朋友說至少珈珈還會坐著，就等著她會走後，要在餐廳裡逛大街。下次在餐廳裡看到狼狽的爸媽和耐不住的小孩時，請給點同情，不要鄙視的嫌棄管不住的爸爸媽媽，因為我們真的很努力的控制了！

珈珈10-12個月成長紀錄

● ●

　　第十個月——體重:9.5kg　身長:74.5cm

　　第十一個月——體重:10kg　身長:76cm

　　第十二個月——體重:10kg　身長:82cm

　　這三個月過的非常快也非常混亂,因為珈珈在這個月裡,像是卯起來成長一樣,每一天都不一樣。昨天不會的事過一兩天就會了,很明顯的,珈珈趕在一歲前,勢必要擺脫她娃娃的行為。期間愛玩樂的爸媽在珈珈十一個月時,帶她去馬來西亞的沙巴渡假。由於夏天時,發現她愛游泳而且不怕水,所以我們特別選了一個隱密的渡假中心,讓她玩個夠,而爸媽我們自己也可以享受享受。

10—12個月珈珈會做的事
食

　　待珈珈十個月已經有四顆門牙時,她的美食又多了許多不同質感跟口味,而且已經開始不太喜歡嬰兒的食物泥,喜歡固體類的兒童食品。不過由於很多醫學報導都建議,不要幫未滿一歲的小孩在食物裡添加任何的調味,因此要如何利用食物本身的味道,幫珈珈做出豐富營養的美食,真的很傷腦筋。

　　每天上班的我,為了幫褓姆減少一些烹調時間,並且確保珈珈的營養,往往都是趁週末,在珈珈睡覺後,在廚房堅持幫珈珈準備一週的食物。會這麼努力,是希望可以拓展珈珈的味蕾,希望她可以嘗到不同的食物,而且因為我們家不吃牛肉,所以要幫她確保她的鐵攝取量。

　　該煮什麼,還有什麼東西放到冷凍退冰後不會變味,真的是一大門學

問，除此之外也儘量準備一些她可以自己學習自己餵食的食物。但珈珈還是很給媽媽面子，從十個月開始幾乎每天中午跟晚餐都只吃媽媽準備的愛心食物，已經不須要再喝牛奶輔助，所以到一歲時，珈珈每天只有早上起來跟睡前需要喝奶。

平時早上十點會給他點心，吃優格水果。

中午一點左右吃午餐下午四點吃餅乾，晚上六點吃晚餐，最後八點半睡前喝奶。這樣的流程，自十個多月起就很固定了。有時會因為出國用餐時間稍微偏差，但是都還是都可以很規律的睡眠。很多都習慣珈珈在十個多月左右固定，這時我們發現每天晚上八點半珈珈喜歡的Mickey Mouse Clubhouse。不分週末，每天固定時間播出，所以我們就順水推舟，把這當成睡覺前的一個行程，並且在看這三十分鐘的米奇時間，讓他喝奶刷牙，待節目結束後，我們會跟她說一本故事書，說完後就親親媽咪，聽佛經上床睡覺。

每天日復一日都是這樣的行程，曾經我們有因為朋友來訪，想說一天不照本宣科應該不會怎樣，但是隔天才知道，「歹至大條」，因為前晚沒睡好的珈珈，隔天起來會很「歡」，她不會因為前一晚比較晚睡而晚起，她的身理時鐘每天是固定的，所以她隔天還是會在七點多醒來。

但由於前晚沒睡好，整天就很歡又很黏人，怎樣都不對，所以一次後，我們就嚇到。除非不得已，真的不敢隨便變動她小姐的睡眠行程，但白天她還是需要兩次的午睡，早上十點多時，睡個一個鐘頭，下午四點左右再睡個一小時。不過慢慢到一歲時，她白天的睡眠慢慢變成十一點多睡兩個半小時。

有時也會熬到中午吃完後，睡兩個小時，不過好在珈珈都睡很沉，所以在她睡覺時，吸塵器打開做家事完全不會影響到她，甚至有時鄰居裝修，敲敲打打，但她照樣睡她的。同時她每次睡覺必定會要她的兔子，當然已經都是她的口水味，也不敢輕易亂洗，因為有一次幫她洗完後，她不認得她的兔

子，她拿在手裡把玩，但拿近一聞味道，又不對，那天晚上睡覺得花比平常多的時間。

最後我們三不五時拿到太陽底下殺菌，然後非不得以才用洗的。不過儘量用少許的洗衣精，而平時跟她說，兔兔要幫她看管她的小床，所以只有要睡覺時才可以抱，減少兔兔弄髒的機會。

語言及情緒表達

由於我們在家說三國語言，所以珈珈一歲以前並沒有明顯的語言表達，她能說出讓我們聽的懂得辭彙是少之又少，但是她還是很努力的跟我們溝通。當然為了讓她可以學習用自己的方式表達，我們大人也很努力地控制自己，不要預先幫她設想她的需求。

換句話說，讓她有機會用自己的方式跟我們說她的需求，譬如說，我們會將她的水杯放在固定的地方。她如果想要喝水，她會往放水杯的地方指著跟我們咿咿呀呀，這時拿給她，會教她要說謝謝。慢慢地在一歲前後，給她東西時，她會很用力的點頭表示謝謝，但是珈珈真的是個很無厘頭的小孩，常常做出讓我們既驚喜又好笑的舉動，雖然她不會說，但是她會用她自己的方式表達她的情緒，而且她的要與不要還是非常分明，看到開心的事物會非常興奮地舉手大叫，想要黏人時會爬過來，把頭放在我們腿上，跟她說kiss kiss，她會在我們臉上親一下，跟她說抱抱，她也會將頭放在我們肩膀上。雖然她不會說，但是她已經有表現出她的理解力，知道我們在跟她說什麼，而且是三國語言都相當的理解，當然她也是有「歡」的時候，而且會故意用哭來表達，但我們很明顯的讓她知道，我們不吃這一招。有一次不知到為什麼，她自己玩到一半突然大哭，而且是莫名其妙之下，我們也不知道為什麼，因為該吃的該喝的該換的都做了，所以我們就看看她，並沒有理她，果然沒幾秒，她自己哭哭就給自已找台階下，從原本大哭慢慢變小聲，最後自己開心跑去玩玩具，好像啥事都沒發生一樣。

身體發展

　　這三個月裡，珈珈真的成長得非常迅速，十個月時只會坐螃蟹車，跟自己穩穩的坐著，但是站起來也還是要扶著東西把自己撐起來，而爬則是我們已經放棄她會不會爬了，直到十一個多月時，家人不放棄地一直教她，原本還不是很俐落，短短一個禮拜以內，已經爬得很好而且動作非常迅速。當珈珈會爬了以後，學走路像是吃飯一樣自然。她滿一歲時就可以讓大人牽著走，雖然有時還是會腳軟自己絆倒，所以我們週末有空就帶她到我們社區的廣場公園，讓她走走。

　　有時她會很生氣自己走不好，所以會跪下來爬，當然剛開始的時候，我也會覺得在外面地上爬好像很髒，但是還是隨她去，只注意她不要手放嘴巴，爬完後馬上溼紙巾擦手。珈珈是到一歲兩個月的一個晚上，我在跟她玩過來媽媽這裡的遊戲時，她自己突然發現她可以很穩健的，不須要輔助踏出第一步。

　　自那次之後，她就可以走得很好，當然還是像企鵝一樣，一擺一擺的，等她真正到像大小孩走路般，還是有一段時間，不過看她現在可以自己走來走去，真的感受到她的成長。而現在的挑戰，則是教導她，出去要大人牽著走，只有大人說可以去玩的時候，才可以自己獨自去跑跑。除了大家期待的走路以外，珈珈在手指的運用，也更為精細。有一次發現，她喜歡貼紙的觸感，我們就常常去買便宜的貼紙，讓她隨意貼在本子上。有的時候給她較小的貼紙，也會看到她固執的個性，因為小小貼紙常常會黏在她的手指頭上。這時她就會努力掙脫，直到成功貼在簿子上。除此之外，因為我不知道什麼玩具適合她，所以在家自製了很多廢物利用的環保玩具，其中發現，她喜歡像投幣類的遊戲，所以就利用她的鞋盒跟嬰兒罐頭食品的蓋子當投幣孔，或者讓她把冰棒木棍一支一支地投進寶特瓶裡，我當時不知到這些遊戲有什麼發展，直到珈珈上幼幼班，才知道這些遊戲不僅可以刺激腦部，同時還可以訓練小孩的專注力。

沒想到我只是單純的想省錢做環保玩具，竟然對珈珈是如此的有幫助。

珈珈的口腔期差不多到一歲左右有比較減少，而到一歲時，她的牙齒已經上下門牙各八顆，這時她已經轉變為味覺期，因此她會用鼻子去聞所有的東西，不管是香是臭，她都會湊上去聞聞。

但有時她明明站的很遠，但是看到遠處的花，也會做出聞東西的樣子，還配音在那裡ㄅ～

後記：

不知到為什麼當珈珈會走路以後，由baby轉變到toddler，彷彿這眼前的小不點昨天才出生，轉眼間已經長大了，現在已經會自己到處走動，自己會跟自己玩，會自己吃一點食物，會開始說話。這一瞬間過的好快，快到讓我覺得時間像是從我的手指細縫流過，每一天，她就像又長大一點，比昨天又更聰明似地，跟我們的互動也更緊密。她不僅緊緊抓住她爸爸媽媽的心，也讓阿公、阿嬤、爺爺、奶奶、乾媽為之瘋狂。

第一次生病

●·●·●·●·●·●·●·●·●·●·●·●·●·●·●·●·●·

　　珈珈出生時，因為有吸到一點羊水，還有左肩骨受損，加上出現黃疸，所以留院七天後，才到月子中心。之後除了餵副食品以前，喝奶不是很配合以外，都很健康。一直到六個月時，才第一次生病。起先只是莫名的失去胃口，這對我們家這個喜歡吃東西的寶寶來說已經有點奇怪了，但是我們只有再觀察，並沒有太緊張。不過隔天她變成只願意吃副食品，而且是怎樣就是不喝奶，也不喝半滴水，跟她平時對食物來者不拒的樣子大有差別。第三天體溫開始忽高忽低，一下飆到38.8，一下又掉到36.5。晚上睡覺沒有平時的安穩，睡睡醒醒。第四天早上起來，雖然她精神都一直不錯，但是我總覺得哪裡不對。馬先生深信，這是因為發牙所引起的，最後我只能說，媽媽的第六感還是比較厲害。在等馬先生去上班後，我偷偷帶去給我們家庭醫生看，因為發燒真的不能輕忽。

　　當醫生在幫珈珈做檢查時，她就安靜的讓醫生搞：一下子看耳朵檢查、一下子聽診、一下子又按壓肚子、一下子又翻開衣服看有沒有疹子，之後醫生跟她說要張開嘴巴，還要我抱住怕她哭，結果當醫生說：「阿～嘴巴張開」，小妮子竟然乖乖的跟著張開嘴。直到後來又量體重又量身高。應該是終於耐性被磨完了，唉了幾聲表示抗議。醫生最後還問我，珈珈平常都是這麼好配合的小朋友嗎？我驕傲的說：「是的。」

　　就這樣，醫生當下無法判斷發燒的原因 因為除了發燒跟喉嚨一點點紅以外，其他症狀像是流鼻水、拉肚子、咳嗽一概都沒有。我們就只能拿著退燒藥跟止痛藥回家，然後聽醫生的話，盡量逼珈珈攝取多點水分。其實那一整天，珈珈的精神都特別好。除了胃口還是一樣不好以外，還是照樣能玩，不過邪惡的病菌終於在晚上的時候出現了。除了發燒又開始以外，出現類似

喉嚨不舒服的感覺。因為平時都給她溫熱的奶和副食品，現在喉嚨不舒服，一給她就大哭，而且明明肚子餓，可是一碰到溫熱的就推掉，看到杯子奶瓶就會大哭，小手一直來拍掉要塞給他的奶瓶。奇怪的是，這樣的情況應該會比較喜歡流質類，不過她怎樣都不要，只願意吃米糊。

畢竟這是新手爸媽的第一次，所以晚上我因為疼女心切，所以當珈珈哭鬧不停時，我就一直抱著哄哄她。雖然馬先生也想盡辦法哄哭鬧的珈珈，但是不管馬先生怎麼試，珈珈就是一直要掙脫他。這讓他很創傷，即使當下已經很微婉的跟他解釋，小孩生病通常都是要找媽媽，馬先生還因為我說了這句，生氣的回我：「不學習安撫珈珈，等到下次你出差時，她又生病了，怎麼辦？」我當下很氣的跟他說，現在應該是先考慮到珈珈，先安撫她，而不是在爭吵比誰比較厲害。當時都已經很晚了，為了搞珈珈，我連晚餐都還沒有吃。所以我請馬先生去幫我熱個冷凍食品果腹，但至今他怎樣都不肯接受媽媽的角色是無法替代的。

後來我因為狠不下心來幫珈珈灌藥，所以我請馬先生幫忙，結果誰知道珈珈氣到邊哭還邊猛打她老爸的手，一下哭鬧，一下用力拍打馬先生的手，又一下緊抓我衣襟，一下又用求助的眼神看著我，彷彿在問：「媽媽你為什麼不救我？」當下真的很想代替她生病，真的很不忍心。就這樣，我抱著她在我懷裡哭到睡著後，因為很擔心她體溫又上升，所以把她放進睡袋裡，放在沙發上。而我就在她身旁坐一晚，隨時幫她量體溫，握住她的小手，讓她不會因為身體不適，突然醒來而沒有安全感。

沒睡幾個小時珈珈就醒了。應該是因為一整天都沒有吸收到足夠的水分，所以珈珈渴到醒來。因為當時我們猜測她因為喉嚨不適，所以不願意喝牛奶跟水。所以我們改用室溫的涼水幫她泡奶，果然可以勉強喝了一點後又睡著，但是沒過幾個小時又醒來。這次可能是因為生病，所以肌肉酸痛，全身像毛毛蟲一樣扭動又伸展。所以我幫她做了嬰兒按摩，然後她就像發現新大陸一樣享受著。這樣顧了她一晚，我也都沒睡，直到清晨。前晚因為女兒

不找她而生氣的馬先生，竟然自己在房間一晚好眠。早上因為不放心，所以我向公司請一天假，在家裡陪著珈珈。

　　但是真的很奇怪，為什麼都是晚上不舒服？小妮子早上起來後，又活蹦亂跳，雖然體溫已經不再拉高，但是胃口越來越小，早上到下午幾乎一口水都不願意喝。我擔心他水分不足會脫水，而脫水跟發燒一樣是幼小寶寶承受不了的，所以和她的小兒科醫生聯繫後，又再帶去給醫生看。在香港，因為小兒科是專科醫師，所以收費比家庭醫生貴。這次會診因為珈珈除了沒有胃口、體溫上上下下的不穩定之外，醫生可以確診，喉嚨有發炎。不知道為，什麼聽到診斷後，心中鬆了一口氣。因為至少我們知道是什麼原因，不像之前，只能說是莫名的發燒。由於天氣晴朗，也沒有風，珈珈精神也不錯，我就帶珈珈稍微吸收一下陽光。希望太陽的維他命Ｄ可以幫助她擊敗病菌。回家後我們繼續強灌她喝奶，但是我在奶裡加了嬰兒用電解質粉，讓他在極少的水分裡，至少能補充一點電解質。晚上幫珈珈洗熱水澡，舒緩她的肌肉。不過晚上開始打噴嚏，而且噴出很濃稠的透明液體，不算嚴重，而且她睡著後，也沒有鼻塞的聲音。所以就放心的放她在自己的房間睡。

　　隔天起來以為就可以這樣雨過天晴，沒想到開始咳嗽 而且越咳越嚴重，因為聽得到痰的聲音，打噴嚏也噴出濃濃的透明鼻涕，不過也許是她自己因為第一次生病，所以嚇怕了吧！竟然一整天像無尾熊一樣，要黏在大人身上。一整天都要黏著大人，一刻不能離開。不過因為咳嗽咳的有點辛苦，加上有鼻塞，所以更不要喝奶。晚上馬先生只好耍狠，把牛奶注入注射管裡，一口一口強餵給珈珈。但是這真的是讓我做媽媽的非常心痛，看她這樣痛苦的扭動和哭鬧，一直求她爸爸，算了！20cc夠多了。這晚又比前幾晚更難安撫她睡覺，所以最後我又跟著她在沙發上陪著她一晚。一點哭聲，一點咳嗽我馬上哄她，她感冒不舒服了一個禮拜，我也跟著一個禮拜沒有睡好。這幾天看她因為沒有正常進食而瘦了一圈，真的有說不出來的心疼。還好她平時有足夠的營養，所以還有本錢瘦一點，但是當下真的很想念她健康的樣

子。看著眼前不懂生病是什麼一回事的珈珈，更加希望她能夠健健康康地長大。

　　接下來的週末，因為珈珈的胃口又向往常一樣，照喝照吃，而她的咳嗽似乎有開始轉好，而鼻塞也沒有太嚴重，所以我們只有透過電話與她的小兒科醫生保持聯絡。就當我們以為生病一個多禮拜，覺得也差不多該好的時候，在生病的第10天，珈珈拉肚子了。她的褓姆很緊張，因為珈珈還在咳嗽，我們怕引起支氣管炎，所以我們又緊急帶珈珈去給她的小兒科會診。在醫生的會診間裡，珈珈像老婆婆一樣依偎在大人的懷裡，渴望的眼神安靜的看著窗外的樹，醫生幫她又做了全身檢查。還好因為胃口回來了，所以體重有增加，不過為了防止引起支氣管炎，醫生讓我們帶回噴霧器和表飛鳴要我們再觀察一週。也許生病十幾天讓珈珈變的有點無奈，在給她用噴霧器舒緩支氣管時，她也懶的掙脫，就乖乖的坐在大人腿上吸完醫生給她的藥劑。因為看她無奈地很可憐，所以都給她看她喜歡的天線寶寶。

　　生病兩個多禮拜以後，珈珈終於好了。沒有再咳嗽也沒有鼻塞，胃口又如同以往一樣好，只不過她的爸媽甚至褓姆也都生病了。我們三個大人開始輪流喉嚨痛跟鼻塞，但是不管怎樣，她好了就好，哪個小孩不生病？我跟馬先生下班回家後都是先洗手換衣服後才抱小孩，褓姆也很愛乾淨，但是我只能說，病毒真的是防不了。再怎麼小心，它照樣會侵入。最重要的是及時發現，早點帶去給醫生看，不管要來回跑幾次。

　　這兩週珈珈來來回回診所的醫藥費，就花了我們好幾千港幣，這時真的是很想念台灣的健保，但是這錢真的省不得啊！只希望她的抵抗力強，不要常生病才好。

寶寶時尚

● · ● · ● · ● · ● · ● · ● · ● · ● · ● · ● · ● · ●

自珈珈出生後，就陸陸續續有朋友跟我説他們很喜歡珈珈的穿著。甚至連看不出喜歡小孩的朋友，也注意到珈珈的穿著。

這讓我不禁發現，我給珈珈的衣服真的不同於其他在家附近玩耍的小孩。雖然我得承認剛開始的時候已經知道珈珈手腳長，但是不知道到底多長，所以在懷孕時期，一件都沒有買，一直到出生後買了不少，最後變得有點控制不了的亂買。

不過我發現，珈珈長的真的太快了，而口袋也隨著她成長速度越來越薄。因此我發現自己得有一個採買計畫才行，不然這樣下去還得了。

在這，我把珈珈的時尚秘密提供給爸爸媽媽們—其實有計畫性的採買，可以有效地減低開銷，而且還是有個穿著可愛討喜的小朋友。

1. 衣櫃

定時整理小孩的衣櫃，這樣可以挑出已經穿不下的衣服／鞋子等衣物，並且尋找沒有穿超過三次的衣服／鞋子，當抓出要淘汰的衣物時，請花個幾秒問一下自己，這些要淘汰的衣物，除了太小以外，有沒有使用超過三次。如果沒有的話，是因為樣式真的太醜？材質不舒服？還是剪裁不好所以小孩無法伸展？有這樣的過濾，就知道下次選購衣物時可以避免買到回來堆灰塵的東西

2. 二手衣

有小孩後，對這種從親朋好友那裡收集來的二手衣物，真是感到感謝，因為真的幫了不少忙。基本上我都會要一些連身衣，這樣就可以當成睡衣給

珈珈穿，因為是二手的，所以不用擔心美不美或者會不會弄髒。只要穿的舒
服，能保暖就行了。當然有時也會收到可愛的二手外衣類，收到時我會先
看看收到的二手衣能不能跟珈珈其他的衣服搭配，或者有沒有需要修改的地
方。即使樣式不是特別喜愛，我還是會當家居服使用，因為小孩一天真的要
換不少次衣服，尤其是炎炎夏日，隨便爬一下就滿身汗，要不就是開始學自
己吃飯的珈珈，有時會吃得滿身滿臉都是食物。

3. 歸類

幫孩子的衣櫃分類，別小看這些小衣物，雖然體積不大，但是林林總總
堆在那，有時要找東西時還是會有找不到的時候，所以依照衣物的類別把小
洋裝、上衣、褲子、裙子、連身衣跟睡衣加以分類。

這樣，每天早上當我們幫珈珈搭配當天的穿著時，所有衣物都能一目了
然。當然這樣的分類，也可以過濾已經穿不下、需要淘汰的衣物。

4. 飾品

珈珈少了這些誇張的飾品，就不是大家認識的珈珈了。因此她這些可愛
的小飾品也有自己的家，並加以分類。不過，幫這麼小的小孩選購飾品時，
一定要注意材質跟體積，絕對不能太重或是太緊。也許是這樣的選購守則，
所以珈珈的飾品都戴得住。我猜，應該是她自己都感覺不到頭上有這麼多五
花八門的雜物吧。

5. 鞋子與襪子

由於珈珈的服飾都屬於鮮豔的花系列，所以為了平衡美學，我認為只要
選購好質料、素色、沒有誇張圖案的棉質襪就行了。這樣看上去才不會亂七
八糟的感覺。

當然，由於珈珈現在開始學走路，所以在鞋子部分，就不能像她還小

的時候，買好看就好，還要考慮到功能性。不過，我發現日韓系的兒童學步鞋，很多都過於花俏，所以單品看還可以，可是很難搭配。但是歐美系列的學步鞋，底太厚也太硬，我們發現當珈珈穿歐美的學步鞋走路時，走得會很不順，也許是她的小腳感受到與平時光腳走時，不同的觸感吧！所以我只能祝你好運，找到適合學步中的小孩，一雙簡單大方的好鞋。

6. 找個裁縫師

珈珈自出生的身高就高人一等，所以至今她長高的速度，總是比橫向發展來得好。如果按照她的月齡來買，總是太短，買大雖然長度剛好，可是穿上去又很明顯的過大，所以如果選錯，有時看上去就像在她身上罩個帳篷似的，明顯的不合身，所以有個裁縫師，多多少少修改一下，就可以改變穿帳篷衣的感覺。當然我也請珈珈的外婆找師父做一些童裝，既可以讓外婆開心也可以省不少錢。

7. 尺寸

每家店的尺寸都不太一樣，尤其日韓系的童裝跟歐美系的，即使都標80公分，但是相信我，真的差很大，加上像珈珈這麼小的孩子，要她乖乖配合試穿買衣簡直比登天還難。

所以知道自己孩子在幾家常光顧的童裝店尺寸，可以省很多麻煩。

當然有些歐美系的褲子裙子裡面，都有可調整的鬆緊帶，像這種的，就可以買大一號。但是，像是上衣或者洋裝這種與其看大小，不如看袖口。因為有些上衣袖口剪裁大的話，還可以一連穿兩個季節，如果是洋裝的話，除了看袖口，還要注意胸圍。如果袖口跟胸圍的剪裁像是A字型傘狀的話，就可以買長一點，慢慢由過膝蓋的洋裝一路穿到長襬上衣。這種穿法，在亞洲夏天較長的氣候，裡真的可以省很多。

我在香港常光顧的童裝店：

Zara Kids——高貴不貴又時尚的童裝店

（不過他們的鞋不適合學步中的小朋友，太平也太硬了）

http://www.zara.com/webapp/wcs/stores/servlet/category/hk/en/zarasales/
11083/Baby%2Bgirl%2B%283-36%2Bmonths%29

Petit Bateau

他們的棉非常優，洗好幾次的純棉連身衣領口，都不會洗到鬆，彈性都
是很好。還有，他們也有賣各種不同顏色素色的連身衣，可以方便搭配

http://www.petit-bateau.com/

Seed Child

很時尚的童裝，品質也很優，不過有一點小貴，所以在這我只有買幾樣
當季的重點商品。盡量買外衣，而不是基本款

http://www.seedchild.com.au/seed-baby/w1/i1001225/

市集——

我們住的社區常常會辦一些市集，有時我會找到當地一些手工藝品的創
意商品。

靈感來源：

Petit Bazaar——

香港本地的一家綜合性兒童飾品服裝店，賣很多歐洲優質的設計商品，
價位中高，但是有時還是會有些便宜的設計商品。

http://petitbazaar.canalblog.com/

Le Bazar de Clem

我很好的一個朋友的部落格，她有一雙巧手跟獨特的眼光，幫她兩個可愛的小孩做很多手工服飾，她也接受個人訂製服務。

http://lebazardeclem.canalblog.com/

頂級童裝店：

（這種地方帶小孩的爺爺奶奶外公外婆比較好，因為自己買有時還真的買不下手，不過又是殺死人的可愛。當然每當大打折時，我就會帶著跟馬先生申請好的預算來挖寶。）

Bon Point

http://www.bonpoint-boutique.com/en/

Jacadi

http://www.jacadi.us/

珈珈這個孩子

●‧‧●‧‧●‧‧●‧‧●‧‧●‧‧●‧‧‧●‧‧‧●‧‧‧●‧‧‧●‧‧‧●‧‧‧●‧‧‧●‧‧‧●‧‧‧●‧‧

　　在有珈珈以前，我以為所有小朋友在不會說話以前，都沒有明顯的個性。因為我認知的寶寶基本上，只是一種會吃喝拉撒睡的動物，直到一天，突然從睡夢中醒來，變成活潑好動，愛問為什麼、愛說話的小朋友。在生完珈珈的頭24小時，當護士用很擬人化的方式跟我說，在保溫箱的珈珈很愛乾淨，因為一旦尿布髒了，一定馬上大哭，叫人來換。我當時以為，是護士想幫助新手爸媽與新生寶寶有親密的聯繫，才會這樣形容寶寶的行為吧，因為怎麼可能寶寶連眼睛都還沒張開，就知道尿布髒了需要大人換？

　　但是在與珈珈相處久了後，發現原來寶寶真的有自己的個性，而且與其他爸媽交流後，才發現每個寶寶都有自己的個性，真的是非常有趣。

食

　　當我們帶珈珈出月子中心回家後，我們發現這小妮子才幾週大就很有自己的主見，當不想喝奶的時候，我們怎樣餵都餵不了，又哄又騙也都沒有用。剛開始的時候，我們很擔心她每天沒有喝足夠的奶量，但是她還是很有她自己的堅持，想喝的時候會很阿莎力地一口氣，喝完不想喝的時候，我們怎樣都無法把奶瓶塞進去。

　　後來四個多月大的時候，她開始厭奶，所以奶量又更少。因此聽醫生的建議，給她吃副食品，沒想到第一次吃，她就愛到大口大口吃了80克。之後又慢慢加入不同的食材，這才發現她現在愛吃的食物，跟我當初懷孕時吃的很像。很喜歡吃各種水果，幾乎是來者不拒。對蔬菜類基本上也不排斥，不過待我們給她的副食品豐富化了以後，發現每當我用罐頭紅番茄做食材的時候，她就會完全拒吃，而有趣的是，我懷孕時聞到罐頭番茄的味道就

會想吐。除此之外,她跟我一樣非常喜歡吃麵食,每次我做日式烏龍麵或者比薩,她就會吃的很乾淨。不過當她吃飽,不想再吃的時候,她就會用手推開。這時候即使她吃的量不及平時,怎麼餵也餵不了,擔心也沒用,因為她不會被哄騙,小妮子不吃就是不吃。

這種吃飯很阿莎力的個性,讓我們最後決定,就按照她的要求,不吃就不逼餵,但是我們也會跟她說,現在不吃,如果等一下肚子餓的話,就要等到下一個吃飯時間,而我們大人也很遵守這一點,在下一個餵餐時間以內,只給她喝水,不給她其他零嘴,而她也沒有辦法在非進食時間討吃,所以並不會吵著要吃東西。

不過珈珈這樣的個性讓我奶媽很挫折,因為在她沒遇過這麼有主見的寶寶。有一次帶珈珈回台北期間,我跟馬先生跟我奶媽打賭,她都不可能贏過珈珈。在珈珈拒喝奶之後,她先把珈珈哄睡,還很驕傲的以老經驗跟我們說,等珈珈睡著後再餵,結果珈珈睡熟後,我奶媽手腳俐落的把奶瓶加熱放進珈珈嘴裡,這時珈珈大哭一聲,生氣地用手拍開奶瓶。之後我奶媽試了好幾次,不管她怎樣做,珈珈最終就抿嘴撇頭睡她的,完全不吃這招。最後我奶媽只好舉白旗投降,承認連她也贏不過珈珈的固執。

衣

因為我們很早就發現,珈珈很有自己的主見,所以在她很小的時候,我們會盡量給她選擇,從小訓練她自己做決定。我們希望,讓她從小知道,要對自己的行為負責,所以當我們給她兩套完全不同顏色款式的衣服讓她選的時候,不管她最終指出哪一套,我們就會尊重她,讓她穿那一套。如果要外出,我們會在她整裝好後,帶她去照鏡子。有時她看著帶著太陽眼鏡的自己,會露出很驕傲、很快樂的笑容,但是到目前為止,基本上珈珈對自己的衣服並沒有太大的要求,即使穿著裙子爬很滑的地板,她還是能愉快的邊爬邊滑。

住

　　我們香港的家比較小，所以能給她探險的空間並不大。不過我們最終還是必須在廚房跟陽台邊加裝安全門，剛開始我們覺得她應該無所謂，不過待她發現，這安全門會隔離她與我們的距離時，她就會站裝可憐地站在門邊看著我們。但是我們並不希望過度安裝保護措施，因為小時候家裡完全沒有做任何特別的安全門跟護欄，我們反而會被教導，什麼可以什麼不可以。所以當珈珈對牆上的插座有興趣時，我們就不斷地重複跟她說，這個不可以碰而且會跟她說為什麼，不管她懂不懂，只要她一伸手，我們就抓回來，再解釋一次。而久而久之，珈珈也不知不覺得對家裡的插座不感興趣了。如果出去住酒店的話，又會再來挑戰一次，但是幾乎講一次，就會轉移注意去摸其他的，不過也就不會再回來摸爸媽說不可以的。

　　由於家裡的書櫃跟電視櫃，都是我們還是小倆口的時候購買的，所以當時完全沒有想到未來小孩的小手是多麼的好奇，因此書櫃裡的書跟電視櫃裡的CD和DVD總是會被灑滿地。為了讓珈珈知道要對自己的行為負責，我們有一次鼓勵她幫我們把書放回去，而每放一本，就給她拍拍手說good job！意外的，我們發現這樣做，讓她有榮譽感，所以每次都會去玩灑書放書回去的遊戲，每放回去一本，自己會拍拍手。也因為這樣，在她聽得懂指令後，我們盡量讓她自己做，而做到時就給她拍拍手，鼓勵讓她有成就感。

行

　　珈珈還小的時候，我們帶她出去一定會帶推車，因為不怕她累了想睡沒地方睡，也不用擔心抱著她手酸，甚至還有車底的籃子可以裝東西。但是慢慢地珈珈長大了，跟我們去餐廳時，也可以坐進兒童椅跟我們一同進餐，珈珈自己也慢慢地不喜歡被拴在推車裡的感覺，所以待她七八個月時，只要把她抱進推車裡，她就會死命地大哭想要掙脫，但是這可愛的小妮子只要一聽到扣環的聲音，就會停止。而前一秒的掙扎完全就像沒發生過一樣，又愉

快的東看看西看看。所以每次我們要抱她進推車，就會先固定推車把安全帶打開擺好後，一手把她放進去、一手壓住她，然後迅速地抓出安全帶拴住扣環。

不過自珈珈開始學走路後，只要出去我們就會讓她練習走路，有的時候她走的沒耐性想要蹲下來用爬的時候，我們就得抓起來轉移注意，繼續讓她用走的。通常她會因為週邊的新鮮物而忘記，但是也是有堅持，不要走只要爬的時候。這時候，就算抱起來也不配合地放聲大哭。雖然在大庭廣眾之下這樣很不好意思，可是因為婆婆一句：「不能因為怕面子掛不住，而喪失了在當下管教的機會教育。」只好硬著頭皮讓珈珈知道，不可以就是不可以，但是也是有倉皇帶離現場的時候。

等她會跑時，我們只有出了愉景灣才會帶推車，在家附近，她自己瞎走時，我們都讓她自己走。當然她也很清楚，當爸媽說NO時，就真的是NO。有時她會以為可以趁我們不注意來挑戰極限，但是我們都會在不遠處監視她的一舉一動。在特定場所，我們會給她一點距離，不會跟的很緊。在她跌倒時，只要確定她沒撞到東西，我們就會跟她說，自己站起來。剛開始我們還是需要給自己打強心針，但是當我們發現珈珈走的很穩了以後，她自己知道，自己的能耐做不到的，她不會強做。說不擔心是騙人的，我們只是逼自己給珈珈空間學習獨立。

小孩真的喜歡出門逛大街，即使到家樓下的大廳去騎腳踏車，或者去公園看人，她就非常開心。所以有的時候，當她在家裡待不下去，想出去時，她就會一直在那裡kiss bye bye，暗示我們她想出去了。而當她出去想回家時，她也會很大聲的說Bye。有一次因為天氣不佳，所以褓姆帶她在樓下的lobby與其他小孩玩。沒多久，珈珈自己去跟每個小孩kiss bye bye，然後轉頭大聲說bye了以後，拉褓姆到電梯門前，要褓姆帶她回家。

育樂

　　珈珈的玩具不算多，而且有很多是媽媽自己做的eco-toys——把不要的垃圾重新整理給她玩，但是她的書很多，而且都是各國語言、各種不同功能的書籍，在學校珈珈不喜歡參與坐下來看書的活動，但是在家她卻很喜歡翻書看書。有的時候即使書拿反了，她也自己邊看邊翻得很開心，眾多書籍裡，珈珈最喜歡的，就是按下去有音樂的互動書，我在日本書店裡，發現有專門播放童謠的書，裡面收錄了十幾首歌，每一個按鍵按下去就是一首歌。書的另一邊就是歌詞，這種好貨，當然是留在外出時才給她，讓她自己按來聽，邊聽邊玩玩具。當撥完一首歌後，她就會再按另一首歌來聽，然後很開心的隨音樂擺動。心情好的時候，還會指定大人要跟她一起搖擺。

　　但是我想所有小孩最喜歡的，應該就是跟爸媽一起玩耍的時候吧，我跟馬先生雖然工作時間長，但是每到周末時，我們就會死命地跟她玩，有的時候會玩到比珈珈還要high，而珈珈也會笑到打嗝。有一次我緊緊抱著珈珈在地上玩左右滾來滾去的遊戲，不知道為什麼，這簡單的遊戲讓她非常開心，滾完後我們倆躺在地上面對面，這時的珈珈，一手玩著我因為當多爾滾亂掉的散髮，兩眼深深地看著我好久。這時我跟她說，媽媽非常非常愛珈珈，她看著我給我一個大大的笑臉。這真的是可以融冰的感動。

　　我們在珈珈很小的時候，就常常帶她出去，即使是跟我們去餐廳也好、去朋友家也好、出國也好，我們並沒有因為她是小孩，而有過多的限制。也許是因為這樣，珈珈出去的適應力都還不錯，而一到新的地方，會很好奇的想去探險，遇見新的朋友，只要對方不會過於熱情地要抱她，她都能大方的跟對方揮手掰掰跟kiss bye bye的玩起來，等大了一點後發現她非常愛親小男生，而且帥的還會嘴對嘴。這讓馬先生非常吃味，一直瞎吵著說，要送珈珈去修道院。

　　但是我們也發現，珈珈是個敏感卻不喜歡小題大做的小孩。她一到新的地方或者人多的地方，會安靜的觀察周圍的人，與其吵著要我們的注意力，她反而會觀察跟爸媽說話的人是誰，到新的地方她會安靜的自己去探險，很

少在外面大哭大鬧。即使大哭大鬧也不會持續很久。這聽起來，好像珈珈是個成熟的小孩，可是我們也發現當她摔倒痛的時候，並不會哭，連在卡通裡看到讓她害怕的東西，也不會大哭，只會躲到我們懷裡。但是我們知道不哭並不代表她沒有感覺，她不表現出她負面的情緒，並不代表她沒有感受到負面的事物。而我們做父母的也必須更用心跟細心的觀察，並且引導釋放她沒有說出來的感受。千萬別因為孩子看似成熟的行為，而忽略了他們心靈的需求。

每天不只有給珈珈擁抱跟親吻，晚上帶她去睡覺時，我會跟她說，今天珈珈做了什麼，媽媽我感到很驕傲。如果有被爸媽罵，我也會跟她說，今天被爸媽唸了一下，然後再跟她快速說一下為什麼被唸。有的時候她會拔下奶嘴，咿咿呀呀回我一兩句，不知道在跟我說什麼，但是每晚說教完後，我一定會跟她說，爸爸媽媽很愛她，也祝她有個好夢。

珈珈真的是個很惹人愛的孩子，她無條件的愛著我們，不管我們是什麼樣的人，她都可以接受。即使我們必須放下她去上班，但是她都沒有出現分離恐懼，應該是她知道爸爸媽媽都會回來吧！她算是個情緒很穩定的孩子，有時無厘頭，有時她的心中像是住著一個老人般的成熟，讓我們很容易用大人的方式跟她說話，忘記她其實還是個孩子，所以我跟馬先生倆都在學習，做珈珈需要的爸媽，而不是台面上完美的爸媽。也許她青少年時，會覺得我們很遜，覺得我們不給她買最新產品就是不愛她，但是我們深信，不管怎樣，我們會持續改變自己的觀點來瞭解她。

珈珈學說話

● • ● • ● • ● • ● • ● • ● • ● • ● • ● • ● • ● • ● • ● • ● •

　　當初懷孕的時候，我跟馬先生在討論要如何執行語言教學，因為本身我自己從小到大家裡都是夾雜著國語、台語與日文。在台灣唸到國中肄業，就去紐西蘭深造，慢慢地變成思考都是用英文，之後又去了義大利念書、工作、結婚。自己本身溝通的語言就錯綜複雜，在外人來看，似乎是一件很屬害的事，但是自己總是搞不清楚跟誰該說什麼語言，一直處在混亂的狀態，而馬先生自己本身也會三種語言。雖然是土生土長的義大利人，但是英文卻是流利，加上曾經去過中國，所以簡單的基本國語也會。這樣複雜背景的爸媽，我們該用什麼語言與小孩溝通，真的是需要思考。

　　懷孕期間，我們也詢問過其他我們認識的異國夫妻，也問過醫生，也上網查過資料。最後我們決定，當我們各自與小孩獨處時，我們說自己的語言，而全家人一起的時候，用英文。我們以為這會是個很棒的解決方案，直到珈珈出生後，才發現語言這東西真的不是自己能控制，要像翻譯機一樣轉換，真的是說比做還容易。

　　當珈珈還在嗷嗷待哺的嬰兒時期，我們愛怎麼說、說什麼其實都無所謂，因為重點是，與她做交流才是最重要的。但是當我們發現珈珈六個月左右會伊伊牙牙說話時，我們警覺這時該開始實行我們的規定。每天早晚我跟馬先生各自有1.5小時與珈珈單獨相處的時間，一來我們不會互相搶珈珈，二來也比較好讓珈珈有足夠的時間吸收單一語言，而不是亂七八糟的混在一起。

　　所以一大清早，馬先生會去珈珈房間接她起床，而每天早上馬先生就會帶著珈珈學家裡的物品名稱，然後翻翻書跟她說故事，等她一歲後，珈珈的吸收力馬上大增。很快的，問她什麼 她就會準確地指出來，也聽得懂簡單的

指令。

早上褓姆來了以後，褓姆就會用英文陪珈珈唱歌、跟她說故事。同樣的，也用英文教她家裡的物品，所以當我們用英文問珈珈Giraffe在哪裡，珈珈就會抬頭手指門邊的長頸鹿風鈴。除此之外，我們也幫珈珈選擇了一些英文節目，而且都是每天同一時間重複的節目。久而久之珈珈當看到這節目時，已經很清楚知道整個節目流程，因此慢慢地知道，bye bye see you real soon，意思就是再見。之後每當聽到bye bye，就會自動揮手kiss goodbye。

除此之外，每天中午特定一個小時，我請褓姆讓珈珈看日本NHK的兒童節目，不強求珈珈學日文，單純的覺得日本的兒童節目做得很好，希望讓她的耳朵習慣日文，好過未來有機會學習時，會比較有熟悉感。不過日文部分，我們真的不強求，只有買日文童謠跟圖繪書。至於未來什麼時候讓她接觸，會視情況而定，我本身是到小六的時候家裡才請家教來教，所以如果我可以等到小六，我想不是那麼急了。但是有一次無聊的用日文請珈珈坐下，我才要給她水果。說了好幾次，珈珈用疑惑的眼神看著我，完全不知道我要她做什麼，好像媽媽我說的是外星話一樣，所以我想我還是先把ㄅㄆㄇ教會吧。

到晚上如果我可以準時下班，就會趕回來幫珈珈洗澡跟她玩。這時我就會用中文跟她唱中文的童謠，用中文跟她聊天，或者帶著她陪我做家事，然後再跟她解釋我在做什麼。家人後來也幫珈珈訂購了一系列的中文教具，有影音跟書籍來幫助她學習。

到了假日，我們一家人出去。原本說好，一家人的時候說英文，但是後來發現，珈珈可以接觸到義大利文跟中文的時間很少，所以最後不知不覺變成一家人出去。我跟馬先生說英文，然後，我們跟珈珈說話時說自己的語言。

所以這樣下來已經好幾個月，當珈珈快滿周歲，她開始會用一些語言與我們溝通，但是已經表現的非常混亂，而且相較於其他同齡小孩，已經

會說很多個單字。珈珈叫爸爸媽媽的時候，還是處於很即興的狀態，而爸爸還不一定是「baba」，有時會是「dadadi」，而媽媽則時由「荋荋」，變成「mmmama」。不過這個「mmmama」，有時又是指食物，或者是好吃的意思。有的時候珈珈叫了 dada 跟 mmmama，我跟馬先生的心就像是在坐雲霄飛車一樣，又高又低。珈珈到了一歲四個月左右，才能持續地叫馬先生「Pa」，叫我「Mi」。

由於我們每天的行程都是固定的，而有時馬先生也希望早上可以睡晚一點，所以會賴點小床，讓珈珈自己在床裡玩。一次珈珈因為大便了，所以急需我們來幫她處理，她大聲的叫著 dada daaaaaadada，沒動靜，馬上改 mammmma mamam。馬先生一聽到 mama，馬上跑去抱珈珈，珈珈已經理解爸爸媽媽的分別

之後珈珈也開始會模仿我們說話，當我們問他，姊姊們在哪裡時，她會興奮的指著相片裡的表姊們，發出「借借」的聲音。剛從台灣回來的時候，珈珈一看到褓姆就很開心的指著照片叫「借借」，除此之外，她還會叫自己的名字。可能英文的音階比較多，所以每當她到照片，或者鏡子裡的自己時，會叫「價價＝珈珈」，或者「阿價」。有一次自己發明了誇張版的，自己叫阿價時，會很誇張的把眼睛跟嘴張很大，把「價」的尾音拉的很長。

當然我們也教他說謝謝，不過因為義大利文的謝謝＝grazie，尾音跟國語很像，所以有時珈珈心情好時，會學我們說。只不過音還抓不準兩國語言，最後回答都是「賊賊＝謝謝 grazie」。還有，每當她肚子餓，或者想睡覺的時候，會一直說，ㄋㄟ ㄋㄟ。這個我們真的不知道是誰教她的，因為我們三個大人都不會用這個詞。不過她自己會用自己的方式告訴我們，她累了，想喝牛奶睡覺了。

最有趣的是，褓姆自己很驕傲的跟我們說，珈珈要找她的時候，會叫「貝貝＝Bel」。不過到目前為止，我們馬先生都很懷疑應該是褓姆自己不甘示弱自己說的。因為我們都沒聽過珈珈叫過「貝貝」，但是好笑的是，家人

都會在珈珈面前，很努力的教她叫外公、外婆、爺爺、奶奶、阿公、阿嬤、叔叔、阿姨、姑姑、婆婆、佬佬、嬸嬸，有的沒的，彷彿恨不得珈珈趕快叫出她們的輩分與名字。

　　其實珈珈每天曝露在這樣複雜的語言環境，到底對她是好是壞，到現在真的很難說，因為她明顯的比其他同齡小孩說出較少的單詞。不過許多兒童研究的資料都顯示，較早接觸不同的語言，對孩子的語言發展的確是有幫助。也許在未來的一天，她突然流利的說著三種語言也說不定，但是最重要的是，爸媽一定要持之以恆，而且也是需要選購適當的教學教具來輔助，甚至還是要讓孩子有機會能回到說各語言的大環境。

　　對我們來說，讓珈珈學習這麼多語言，重點是讓她熟悉自己的背景。是個中國人就要會說中文，並且透過語言來了解自己的文化；是義大利人當然也要會說義大利文，這樣才能理解自己另一半的文化。當然英文是因為我們生活在非母國的環境裡，為了生存必定得學，而日文純粹是興趣，只希望她不必像她爸媽一樣辛苦學，而是自然的學會。

　　後記：珈珈的語言學習到了一歲三個多月，從台灣聖誕假期回來後，突然突飛猛進。不知道是因為與表姐們玩樂還是旅遊的刺激，她原本說不出幾個辭彙，回來後整個人像開竅了一樣，不僅理解力提升，很清楚知道我們在說什麼，即使很複雜的對話她都能理解。所以這時我們跟她的對話，進階到比較深的對話，會問她這個是什麼那個是什麼。除此之外，也發現她開始敢開口說話，以前教她的名詞，現在都用自己還不是很標準的方式說出來，她的辭彙一下子增加了不少，有時會指著眼睛說eyes，有時說眼睛，有時又說occhi。用不同的語言問她，她也都能正確的指出來。

　　所以在珈珈一歲四個月以前，我真的不知道三國語言教學成效如何，但是現在我非常推崇。因為我發現這小孩原來儲存了不少能量，突然間打開了話夾子。現在一歲五個月，已經認得幾個英文字母，所以我雖然不懂潛能是什麼東西，但是我相信，每個孩子只要爸媽肯花時間，不需要送什麼潛能

班，在家用簡單的書本以及對話溝通，就可以幫助孩子吸收。珈珈不是什麼資優兒童，我跟馬先生也沒有瘋狂地教珈珈什麼，只是自從她出生後，每天都會花時間說故事給她聽，跟她講家裡的物品叫什麼，也會跟她聊聊天。即使她不回答，我們照樣講得很開心。

不是每個家庭都會多國語言，但是簡單的國語跟台語（甚至其他方言），都是幫孩子增加溝通的機會。現在還有很多爸媽，說得一口流利的外文，在家一樣可以爸媽兼職，和孩子說另一種語言。但是如果有怕孩子輸在起跑點的心態，送過小的幼兒上語言學習班，但家裡卻不會使用語言，真的只是浪費錢。學一種新的語言，一定要有環境。有一次在台北的便利商店聽到一台灣爸爸跟孩子說法文。雖然爸爸的法文發音還是有很重的台灣口音，但是並沒有影響孩子的法文學習，因為孩子照樣可以用著標準的法文跟爸爸對話，所以只要用對方式，不管什麼語言方言，只要爸媽列入生活，都是孩子學習最好的管道。

我是女生

● ●

　　珈珈剛出生時，長得很大隻，又在羊水裡泡了39週，所以當時光看臉，根本分辨不出是男是女，尤其新生兒都沒有眉毛跟睫毛，眼睛因為幾乎都在睡，所以一直是咪咪一條線。轉到月子中心後還是很中性。剛開始我們稱她小彌勒佛，因為她的臉圓滾滾的。

　　待滿月後。我要回婦產科復診時，為了想帶去給接生的醫生看看珈珈，但又為了防止大家誤認珈珈是男生，所以用了一條Hello Kitty的包巾和Hello Kitty奶嘴。誰知道，護士小姐還是很熱絡說，哇！好大的小男生～這時我尷尬地說，「護士小姐我都已經幫她包粉紅色的Hello Kitty包巾了」，復診完出來後我媽很氣的碎碎唸說，護士眼睛看花了。但又自言自語說，我小時候因為頭髮少，也常被說是小男生。聽我媽說，我兩歲時還曾經在女廁所被白目媽媽指著說，小男生不能上女廁所。但是誰知道珈珈跟馬先生baby時期真的很像，加上她頭髮又少又細、顏色又淡，所以真的很難分辨是男是女。

　　因為我們受不了那種很夢幻、卡哇伊的打扮，所以在珈珈出生以前，我跟馬先生就說好，不要把寶寶打扮成很公主樣。因此珈珈出生第一年的冬天，我沒幫她買過粉紅色的衣服，除了在家穿朋友給的二手紗布衣以外，其他我幫他買的外出衣，不是深藍就是深紫。

　　即使很女生的衣服，也都是暗色系的Liberty系花襯衫之類的。到了夏天，我幫她添加的夏裝，也都是單色的洋裝，避開全粉的裝扮。這也就是為什麼我們開始在她頭上搞怪，雖然不給她穿夢幻裝扮，但是五花八門的花系列頭飾，就成為珈珈的註冊商標。她的褓姆說，其他的褓姆朋友都稱珈珈為Flower Girl，因為每次出現，不是頭上帶朵花髮帶，就是大花帽。但是很不可思議的是，都已經幫珈珈弄上大紅花髮帶了，還是有很多白目人指著珈珈

說，好可愛的小男生。

馬先生每次聽到，都差點上前打人，他還曾經推著帶著大花帽的珈珈出去時，常常打招呼的警衛竟然說「Hi, little boy」當下馬先生二話不說，推著珈珈的推車轉頭就走。還有一次出國過海關時，海關手上的護照，明明上面的名字已經是很女生的Amelia Maria，性別還標示著是女生，而且那天我特別幫珈珈穿紅色的上衣帶髮帶，但是那位海關還是跟我們說：「Cute Boy」。當時馬先生為了不想被請去移民局喝咖啡，所以忍住沒有吭聲。但是出來後一直跟我唸不停，直到現在珈珈已經一歲了，這個問題還因為珈珈長得很慢的短髮，而持續下去。

有一次帶珈珈回台灣的時候，剛好我需要看眼科，當時的護士小姐兩個就在離我們候診室不遠處，熱烈地討論著珈珈。

護士 A 說，「那個應該是混血兒。」護士 B 說：「是男生吧」護士 A 回答：「都已經穿裙子了怎麼會是男生？」護士 B 說，「應該穿錯了吧」護士 A 回答：「怎麼有可能穿錯，男生穿裙子幹麼？是女生啦」這時的我已經想打人了，所以猛瞪那兩位護士，難道他們不知到我其實都聽到了嗎？等我眼科看完要取藥時，護士 B 還是不死心開口問我，珈珈是男生還是女生，我這時再也忍不住，所以就冷冷的回答她說：「小姐，你是有看過小男生穿裙子的歐？」然後護士 B 還很兇的說：

「她又沒穿粉紅色，那看得出來？」

曾幾何時，粉紅色的公主系列變成小女生的代名詞？為什麼女生一定要穿粉紅色、玩芭比娃娃、上芭蕾舞課、學彈鋼琴？為什麼男生一定要穿藍色、玩車子、上跆拳道、學小提琴？是誰訂製這樣的規則？難道穿藍色的衣服就不是女生，而穿粉紅色的男生就很娘？這樣的想法框在小孩子身上，簡直是限制了他們的想像空間。

因為在小孩子的思想裡，她們無法分辨男生女生有什麼不同。對他們來說，只有你與我。他們不會以貌取人，對他們來說，朋友之間沒有什麼不

同。最近有一本英文書叫「灰姑娘把我的女兒給吃了」（ Cinderella ate my daughter–by Peggy Orenstein）作者因為她原本對粉紅色沒有特別喜好的女兒，有一天上學回來後竟然瘋狂的愛上粉紅色，而且是所有東西都一定要粉紅色才行。

因此為了追根究底瞭解，是誰把她的女兒給改變了，她訪問了歷史學者其他的爸媽，踏遍了迪士尼的夢幻世界，去了美國女孩（American Girls）的旗艦店，跟無數的玩具城。

她最後發現，這是一種市場現象，一種深深影響著大人與小孩消費的行銷手法。

這些商人幫孩子創造了男女喜好分的很清楚的偶像，女生們就追著Hannah Montana，而男生們則是追著Ben 10。我覺得孩子畢竟抵擋不了同儕壓力，尤其現在的兒童節目頻道也不停地播放著這些性別分制的卡通。但是我覺得，因為這樣的現象，導致很多大人先入為主的觀念，限制女生就是得穿粉紅色公主系列，即使珈珈已經穿了很明顯是女生的衣物，譬如頭帶著大花髮飾、身穿著深紅色的長大衣、紫紅色的上衣、配深藍色牛仔裙、黑色褲襪和深咖啡色娃娃鞋，但是因為並不是這些大人們所認知的卡哇伊裝扮，所以他們的頭腦似乎無法就此分辨男女。

對他們來說，他們好像一定得看到特定的粉紅色以及藍色分辨，如果沒有這兩個顏色，即使眼前有很明顯的訊號，他們卻無法收到。當然我想等珈珈的頭髮長長以後，這問題應該會轉好。

不過在她能夠被同儕以及商人給影響之前，我還是堅決不給她粉紅色的夢幻世界。即使還是會有很多白目人說出可愛的小男生之類的話語，我想我還是直接跳過，裝作沒聽見，或者可以努力教會珈珈說：「我是女生。」

第一次出遠門

● · ● · ● · ● · ● · ● · ● · ● · ● · ● · ● · ● · ● · ●

　　很多人一定會覺得我們瘋了，帶未滿五個月的嬰兒出遠門，一去還去飛行時間超過十小時的奧克蘭。但是為了帶珈珈回去看疼我的年邁Rita奶奶，再怎麼辛苦，我一定要讓她見到珈珈一面。最後經過多次的計畫，我們決定帶她回去紐西蘭的奧克蘭幾天。回程經過澳洲雪梨回香港，總共剛好一週。

　　出發前很多人會問，我帶不帶我的褓姆一起去。我覺得這是一個很奇怪的問題，但是在香港，好像他們覺得出國帶小孩是一件麻煩的苦差事，所以褓姆要跟著去幫忙帶小孩。我跟馬先生認為，做爸媽哪個不辛苦，怕麻煩還不如把小孩留在家，不要帶出去，所以在仔細的計畫下，我們讓褓姆放假，自己帶珈珈出國去。不過我必須先聲明，並不是每個小嬰兒都適合出遠門。像淺眠的寶寶、長牙中的寶寶，或者是比較難控制的寶寶，應該要暫緩出遠門坐長途飛機，因為連珈珈這種安穩不太哭鬧的寶寶，我跟她爸爸還是每天累到沒有感覺到時差，每個晚上累到上床倒頭就睡。但是如果爸媽決定要挑戰這艱難的任務，以下是我跟珈珈爸爸彙整的小撇步。

食

　　出發前珈珈已經開始吃副食品，但是因為當時已經知道要出國，所以一開始都是買現成磨成粉狀的米糊方便攜帶。除此之外，因為時差的關係，怕小朋友適應不來，所以她的奶粉有多帶一罐，以防萬一，怕最後她因為時差亂了生理時鍾，反而沒什麼胃口，吃的不多。但是因為有多帶，所以不怕浪費幾餐已經準備好的奶粉。還有，我們最重要的秘密武器一嬰兒米餅。因為她剛剛學吃副食品，為了不影響她對米糊的興趣，平時在家是不給她吃嬰兒米餅的，只有出外時才有。這樣當她在大庭廣眾之下哭鬧時，可以拿給她分

散注意。不僅如此，當遇上她肚子正餓，可是偏偏不能餵她喝奶時，及時出現的嬰兒米餅，可以讓她馬上開心起來。

因為紐澳入境，都需要填寫食品申報表，所以寶寶的食物最好是都集中放在同一個行李箱，然後填好申報表後主動跟海關呈報所帶的食品。基本上寶寶的食物是沒有入關問題的，但是絕對不能帶生鮮水果類的。譬如已開封的蘋果泥罐等，都是有可能會被要求丟棄的，只有未開瓶的才行。但是每個國家要求不同，所以在出門前，最好先詢問目的地的入關條件，這樣才不會白白帶了然後被丟掉。

還有很重要的一點，因為有時會很不幸的遇上行李不見，或者是晚到這種事。所以最好身邊帶至少一罐奶粉和奶瓶上機。在飛機上雖然可以請空姐幫忙用熱水沖洗奶瓶，但是對未滿五個月大的寶寶來說，最好還是用已消毒的奶瓶比較好。所以多帶就不怕奶瓶沒有消毒乾淨。

衣

紐澳二月是夏天，但是他們的夏天其實算是台灣的春天。在太陽底下才會熱，其他陰暗處以及早晚還是挺涼的，所以幫珈珈準備夏天衣服的同時，也幫她帶了幾件長袖外套。還有因為晚上我們有給她換睡衣的習慣，所以除了出門的衣服與配件，例如帽子、太陽眼鏡、跟鞋子以外，還多帶了幾件睡覺用的兔裝。最後發現，這些兔裝還有另一個用處—當寶寶弄髒衣服時，可以馬上替換。還有因為我有自備一個小型曬衣架，這樣一來在飯店洗好的小衣服就不怕沒地方曬。至於洗衣精，我們就用自備的寶寶沐浴乳洗，這樣就不怕國外的牌子用了寶寶會有過敏的問題。

住

我跟珈珈爸爸大力推薦，帶小孩出們遠門時，最好住 SERVICE APARTMENT 一飯店管理式的短期租屋套房。在比較先進的大城市都有類似

的住宿地方。它跟飯店最大的不同，就是它就像套房一樣。房裡除了基本的床以外，還有廚房，可以準備小朋友的食物。不僅如此，需要消毒的東西，就不需要在廁所裡處理，也有客廳，小朋友有空間活動，還有書桌可以當成幫五個月大寶寶換衣服尿布的地方，有些還有洗衣機呢！這類的房型都比飯店的基本房來的大，所以多一個加床或者嬰兒床都不成問題。

但是在雪梨因為訂不到SERVICE APARTMENT，所以我們必須住飯店，我自備了微波爐蒸鍋，但是我還是必須在浴室裡洗奶瓶。為了討個心安，洗乾淨的奶瓶我會放在蒸鍋裡，再用熱水器的熱水淋在蒸鍋裡後，趕緊蓋上蓋子。這樣熱水的蒸氣感覺上或多或少有些消毒的作用。這個方法有沒有用我不知道，但是在心理感覺上，乾淨了點。

行

飛機

我們來回紐澳，搭乘的是國×航空，因為是超過十年的長期會員，所以知道兩歲以下的寶寶，可以要求航空公司準備嬰兒籃。就是座位前有一張大桌子，可以拉下來放嬰兒籃的那種。這是不需要多收費的，所以是嬰兒的權利。但是航空公司是不會主動提供的，所以爸媽們要在買票時，務必請旅行社通知航空公司。我們去紐西蘭的航班上，有一家印尼人，一家大小不太會說英文，媽媽懷裡還抱著很明顯才幾個月大的寶寶。當時我們以為他們坐我們旁邊，沒想到航空公司劃位時，並沒有幫他們安排坐在有附嬰兒籃的前座。最後他們一家四口，加上抱在懷裡的寶寶擠在後排。然後我們旁邊有一個附有嬰兒籃的位子，竟然是空著的。我們向空姐告知，後面有一家人，手裡抱著幾個月大的寶寶，請空姐幫忙。他們換來我們旁邊多出來的位子，空姐竟然回說：「他們是印尼人，要一家人坐一起。"當下馬先生很生氣的罵空姐，"你不會幫忙請旁邊的乘客跟他們換位子嗎？這種事情在劃位時，

就可以避免的。你們地勤人員怎麼會讓他們一家人坐在後面，十個小時的飛行，要一直抱著小嬰兒是一件很辛苦的事。既然你們有多出一個嬰兒籃的座位，為什麼不提供給需要的人？"最後被我們罵的空姐，請了一位會說印尼話的去問，但是她們並沒有考慮到對方想一家人坐在一起的意願，幫他們與其他乘客喬位子。最後空服員只跟對方的爸爸說，這裡多一個位子，所以要他們夫妻其中一個帶嬰兒過來，坐這個位子，好像要就來，不要就拉倒。這樣的問題，只是做到表面罷了。

車

紐西蘭法律規定，所有小孩都必須坐在兒童汽車座椅。所以在租車時，務必要通知租車公司準備，即使搭乘計程車，小孩也必須坐在汽車座椅，所以最好是打電話預約計程車。

娃娃車

帶娃娃車很方便，因為不管去哪，小朋友累了就可以放娃娃車睡。即使去血拼，也不用一直抱著。但是要注意的是，有些地區並不適合推著娃娃車到處跑，譬如我們住的香港。上上下下有些地方根本沒有電梯和手扶梯，還有推娃娃車上公車，都會被要求要將小孩抱起，收起娃娃車。不是為了因為會礙到別人，是因為他們說，這樣比較安全。我就曾經有在，只剩站位，但乘客並不多的公車裡，被司機堅決要求，必須要把當時才三個月大、還在睡覺的珈珈抱起，並且還要我自己收娃娃車。就這樣，我一手抱著寶寶、一手拉著拉環。我問司機，這樣哪有安全？但司機還是堅持，這樣才是公司規定的安全標準。旁邊的「好心人」不但沒有讓位給抱著珈珈的我坐，反而對我翻白眼。一副因為我與司機的口水戰，浪費了他們時間的樣子。

所以要出發前最好還是先做好功課，查詢一下目的地的交通情況，再決定要不要帶娃娃車。同時最好也帶一條背帶，一防萬一。譬如要去國人最

愛的日本樂園，像是迪士尼，以及各大百貨公司，都可以租娃娃車。如此一來，就可以不需要帶娃娃車出國，但是最重要的，還是先計畫路線，這樣比較好應付突發狀況。

育

　　有些人會覺得，帶這麼小的寶寶出國，根本是浪費錢，因為寶寶長大後，根本不會記得，最後累的反而是爸媽。也許是浪費錢，也許我們無法像以前一樣，輕鬆出遊。但是對我們來說，這是給小孩從小累積的經驗。當然我們知道她長大後是完全不記得，但是我們希望，透過出遊讓她看到外面的世界，我相信一次一次的出遊經驗與照片的紀錄，對她的影響絕對是好的。在我小的時候，我外婆就和我爸媽說，不要把我關在家裡，要常帶我出門，即使去家附近的公園也好，盛裝打扮去吃個大餐，甚至帶我去看表演。不管做什麼，一定要帶我去不同場合見識見識。同樣的話，我爸媽也和我說了一次。他們還多加了一句，這樣小孩會比較獨立。

樂

　　這趟旅程雖然緊湊，但我和馬先生真的很樂在其中，珈珈的表現也值得讚賞，她只有一次因為累到過頭，所以睡覺前哭鬧不停了一個小時。在飛機上或者出遊時，她都乖乖的坐著，東看看西看看，帶她去看國王企鵝時，她乖乖坐在位置上，看著美麗的企鵝，帶她去看無尾熊時，她靜靜的坐在爸爸懷裡，看著無尾熊睡覺，自己累了，不是在娃娃車裡睡覺，就是在汽車座椅裡睡。好笑的是，早上她會不耐煩的唉唉叫，這時只要把她放在汽車座椅裡，因為她知道我們準備要出門時，她就會高興的踢腳坐著，等我們把她提到車裡。

　　我們也有帶她到海邊去玩水，起先把她抱在懷裡，吹著夏天的海風，聽著海浪聲，熟悉一下海邊。之後再把她的小腳放在沙灘上，踩沙感受一下軟

綿綿的沙。剛開始小指頭有縮了一下，然後就一直用力的踩。後來看她好像習慣了海邊，讓她浸到海水中，結果她被打上來的海水嚇了一跳，之後再怎樣放她下去，她的腳就像是無尾熊，盤繞在我身上。

出門前，我很擔心她規律的作息會被打亂，所以出門前我有自製了一張時差對照表方便讓我知道她什麼時候因為平時在香港的作息時間可能餓了累了，最後那張卡片根本沒用上，因為我就隨她去，她想睡就給她睡，想吃就給她吃。但是也許是我們都是讓她睡前洗澡、洗完澡後喝奶睡覺，在紐澳期間，每天晚上都是如此，所以她晚上並沒有睡眠問題，一樣還是一覺到天亮。我跟她爸爸猜，也許是我們早已設定她每天的程序，所以她已經知道洗澡後喝奶完，就是睡覺。

但是要注意的是，回來後我們全家大小都有收假憂鬱症，我們故意安排在收假前一天回到香港，這樣大人在回去上班前，可以調整一下心情，而珈珈在回到香港後第一天，一整天都很憂鬱。她老爸跟她玩，她都敷衍的笑一下。也許她知道我們回家了，所以連她都有收假憂鬱了呢。

打包清單

為了要帶什麼而傷腦筋許久。所以我問遍了所有帶過小孩出遠門的朋友，問他們出門帶了什麼，以下是我們最後針對這趟旅行所帶的東西，提供參考。

請拋棄輕裝旅行的想法，出門前我想盡辦法讓行囊變得簡便，但最後發現珈珈一個人的東西，就比她爸媽來的多，所以最好還是一個人一個行李箱，寧可多帶也不要少帶。

奶粉及副食品──可自行依小朋友狀況準備，但是要多帶一份上機，以便不時之需。

旅行用微波爐蒸鍋（也有微波爐專用的蒸袋）奶瓶刷子等用品──出外怕水土不服，食品器材還是認真的消毒過比較好，不過去紐澳這種乾淨的地

方,是並沒有太大的顧慮。

奶瓶湯匙喝水杯有的沒的——用自己的最好,但最好是用塑膠的,怕在外食物的熱度不好拿捏,用鐵製的容易導熱燙到寶寶的舌頭。

夏天外出衣——最好先在家裡搭配好,這樣就比較容易計算出需要帶幾件。

連身兔裝——不需要帶太多,因為容易乾,所以可以晚上在飯店洗,隔天都可以乾的。

帽子、太陽眼鏡、鞋子、泳衣等飾品——因為我愛幫珈珈打扮,所以這些配備是一定要的啦。

長袖禦寒衣——出外天氣多變化,至少一件外套禦寒是一定要的。

枕頭——有些飯店沒有兒童用枕頭,所以要自備。還有機上嬰兒籃的枕頭太扁,所以用寶寶習慣的比較好。我則是在出發前兩天換寶寶的枕頭套,這樣出國後枕頭會留著珈珈自己熟悉的味道,小孩在陌生地方不會太過緊張。

睡袋——飛機上的嬰兒籃很硬,所以用這個比較舒服。還有遇上亂流時,需要將小孩抱起,這樣直接抱睡袋比較方便,而且也比較不會打擾到睡眠中的寶寶。還有飯店的嬰兒床,不見得舒服。所以睡袋到時可以攤開。一來可以舒適點,二來可以讓寶寶聞到家裡熟悉的味道。

防翻身錐——因為這時的珈珈正值翻身期,所以晚上讓她睡覺時,有翻身錐靠著比較不怕她半夜翻身窒息。

護頸枕——每個汽車座椅不同,所以有護頸枕靠著,這樣寶寶要睡也比較舒服,不會繞頸。

毯子——在出發前我就準備好一條毯子讓她用,這樣到出門時,毯子有她身上的味道,在外讓她用會有熟悉感,加上飛機上和飯店也不會有,所以需要自己帶。

尿布、拋棄式圍兜、濕紙巾、蒸餾濕紙巾、重複使用的厚塑膠袋——除

非寶寶是過敏體質，不能隨便換牌子，不然的話，如果目的地是先進國家，其實只要出發前網路查詢下榻的住所附近，有沒有超市，到了再買就可以了。這樣可以省一點行李的空間。我覺得蒸餾濕紙巾對小寶寶出外很好用，因為在緊急情況無法消毒時，可以用這種紙巾稍微擦一下，還有很重要的是，要帶可重複使用的厚質感塑膠袋，這樣到時換尿布不怕找不到地方丟。

兒童用洗衣粉、小型曬衣架——這樣可以在洗手槽裡幫小朋友洗衣服。因為飯店裡都有空調，所以他們的小衣服很快就乾了。但是千萬不要披在電燈罩上，因為衣物是易燃物，而燈罩會聚集熱氣，所以容易引起火災。

感冒藥、腸胃藥、發燒藥等藥品、耳溫槍——在出發前最好帶小朋友去小兒科那裡拿一些基本的藥，以防萬一。如果必須要去一些疫區的地方，最好是出發兩週先帶去打預防針。

防曬油、瘴氣膏、凡士林、防蚊液、乳液——小朋友的皮膚很細緻，所以外出一定要從頭擦滿防曬油。而且不要以為早上擦了就好，要每兩小時補一次；瘴氣膏，是以防外出水土不服，導致便秘；凡士林可以在機艙裡，幫小朋友擦臉，保持臉部濕潤，另外，如果有尿布疹，也可以使用；防蚊液不要直接擦在過小的嬰兒上，可以先噴在小朋友要穿的衣服上；有些地區比較乾燥，所以一定要在洗完澡後，幫小朋友擦乳液。但是飯店的空調也會讓皮膚變得乾燥，所以還是幫小朋友擦著比較好。

玩具、音樂——我們家沒有滿坑滿谷的玩具，朋友送的我都先收起來，沒有一次給珈珈玩，因為這樣我在外出時除了帶她平常愛的玩具以外，我還帶了一個她從來沒有看過的新玩具，這樣在她吵鬧時，可以引起她的注意，忘了哭鬧這件事。當然，我們還預先將她喜歡的音樂，灌入我們的ipod裡，這樣當寶寶感到無聊時，可以放給她聽。簡單的說，就是讓她在無聊時，確保有東西可以吸引她，或者讓她有熟悉感。

媽媽包——我因為虛榮心，所以買了一個名牌的媽媽包。但是在這我必須承認，出國帶那種名牌媽媽包，簡直是重看不重用。因為出門要帶一整天

的用量，所以根本塞不下三罐奶瓶、一個湯匙、一個餐盒、六件尿布、兩小包濕紙巾，跟數不清的雜物。所以我建議出國還是帶輕便、大型、有拉鍊的軟布包，這樣就不怕在手忙腳亂時，東西掉出來。這真的這很重要！！！

珈珈第一次回台記

珈珈在台灣滿月後，我們就帶她回到香港，然後去了遙遠的紐西蘭和義大利，才發現台灣雖然離香港這麼近，珈珈下一次回台灣，卻已經是九個月之後的事了，因此家人滿心的期待，而在她短暫停留的時間，造成天母一帶的旋風。

由於我其實是要回台灣工作，因此我比他們早一天回台北，珈珈則由馬先生自己一個人帶回來。剛開始馬先生很確信他可以獨自搞定，自信滿滿，而且還堅決不要帶推車，覺得自己可以抱著珈珈在機場拉行李跑。（朋友笑他自以為是布萊德彼特）但是這是在飛機沒有延遲的情況下，因為當晚上原定八點該起飛的航班延遲了一個半小時到十點起飛，待他們父女倆抵達天母後，已經是半夜，完全超過珈珈正常的作息。即使溫暖的熱水澡，也無法紓緩小朋友疲憊的身軀，哭鬧了近一個小時，才在爸媽左右夾攻的懷裡睡著，這時我們大人倆也累到想哭。

隔天一早，珈珈有點不習慣新的環境，有一點緊張的感覺，所以我們就帶著她在家裡每個房間，跟她說這是她外公外婆的家，是她出生後回到的第一個家。跟她說她出生後都在哪裡躺著。慢慢的，她對這個環境就比較不感到害怕。緊接一早，帶著珈珈回去她出生的醫院做成長檢查。護士阿姨幫她量身高時，還驚訝的問，這是多大的小孩。因為很少有才九個月大，就74公分高的嬰兒。之後順便到了醫院附屬的月子中心，去探望照顧她的護士阿姨們。在月子中心剛開始她還有點怕生，不讓人抱，不過沒多久就跟護士阿姨們玩起來了。看著她再看看窗戶裡的小baby，真的很難相信眼前玩開的珈珈，九個月前就躺在這窗後。

這次回去的行程非常的緊湊，由於只有三天的時間，所有的時間九成都

安排給家人，能吃飯的時間，都分配給疼我的舅婆，剩下玩樂的時間，就到媽媽我從小長大的奶媽家。在那邊，珈珈學習與表姊們玩。珈珈從起先只是看著她們玩，到自己跟她們玩，甚至要去抱表姊們。這個互動的轉變，是珈珈在香港沒有的，而我們也很慶幸珈珈沒有與其他小朋友互動的問題。她會主動去摸小朋友，也不會去搶別人的玩具，很希望這個好習慣可以持久。

在台期間，她對身邊所有事物感到無比的好奇，所以在家裡都待不住，一直想往外跑，甚至前一秒還在哭鬧，但只要幫她穿上小鞋戴上帽子，她馬上就停止哭鬧，然後很開心要出去。還發生過她上一秒原本不給舅舅抱，但是她為了要出去，不惜拋棄媽媽，跟著舅舅、舅媽、表姊出去，而且出門後，頭也不回，看都不看她老媽一眼。

這次回去，珈珈簡直像是家中之王，所有老老少少，都圍繞在她身邊，給她水果餅乾吃，還跟她唱唱跳跳的玩，甚至連洗澡時表姐倆都還圍在她旁邊，繼續陪她玩。不過由於珈珈9.5公斤重，所以大家在三天後，個個都腰痠背痛。但是珈珈還是很給面子的融化家人的心，她的一舉一動，完全讓家人為她做牛做馬，也許珈珈算是外向，所以帶她出去她心情都會特別好，都會跟人揮揮手，不時拍拍手，一直呈現開心狀。

除此之外，這次回去因為我們有精心打扮，所以每到一個地方都會引起注意，最誇張的一次是跟朋友在人氣餐廳時，我們桌旁剛好坐了一桌學生，她們先派了一位會說英文的來問可不可以拍珈珈，之後珈珈在吃飯時，他們就在珈珈身邊圍了一圈，跟她玩又跟她拍照，然而珈珈應該已經習慣大家對她瘋狂了吧，她對此完全無所謂樣，繼續吃她的午餐，然後一邊跟她的粉絲玩，最後當那些學生要離開時，珈珈還跟他們揮揮手說掰掰，真的是被這小孩給打敗了。

這次回去我簡直像是快遞員，幫珈珈送東送西，最後回香港後才發現，我最愛的誠品跟士林夜市竟然沒去，認識我的人沒有人相信，我竟然忘記去這兩個地方。但是每天早上到晚上跟珈珈這樣搞，我很難在書店裡安靜的在

書堆裡沉靜，更難帶著晚上九點整必睡的珈珈去夜市，加上自己到九點也跟著累倒了，根本忘記自己愛吃的東西。當媽媽後，才發現自己的需求通常都是擺在最後。

不過這次回去更清楚的感受到，養小孩有家人在附近真的是一件很幸福的事。因為雖然我們短暫的三天裡非常繁忙，但是我跟馬先生有小小的偷閒去腳底按摩，這在香港簡直是不可能的事。我們可以安心的把珈珈放在我的奶媽家，讓珈珈跟著表姐們玩樂，還有奶奶乾媽舅媽大阿姨，一堆家人討好她又給餅乾吃，我跟馬先生在不在，對她來說是無所謂，反而是我們在她會分心要找我們。

可惜天下沒有不散的筵席，我們旋風式的待了短短的三天後，又回到香港。週一早上珈珈看到褓姆時，很興奮的一直指著牆上她滿月時和表姐們照的相片，嘴中唸唸有詞，彷彿是在跟褓姆訴說她跟表姐們玩樂的情形，接下來只要我們問她表姐們在哪裡，她就往照片那裡指，只要在哭鬧時將她抱起帶去照片前，她就會露出微笑。但是這個可愛的舉動，讓媽媽我心裡感到很遺憾，她身邊沒有親戚家人可以跟她熱絡，每天就是面對爸媽跟褓姆三人。不過可以確信的是，珈珈喜歡人聲鼎沸的地方，愈是熱鬧的地方，她玩得愈起勁。

迪士尼樂園

●‧●‧●‧●‧●‧●‧●‧●‧●‧●‧●‧●‧●‧●‧●‧●‧●‧●‧●‧

　　我們居住的社區愉景灣就在香港迪士尼樂園附近。每天晚上，從我家的陽台把頭往左探出去，就可以看到每晚的煙火表演。而我自己本身因為外婆住日本的關係，直到外婆過世以前，我的童年可以說是在日本東京迪士尼渡過。我媽曾經幫我算了一下，從三歲第一次踏入日本東京迪士尼樂園到現在，我總共去了25次。而且還不包括後來新開的海洋迪士尼樂園。

　　這樣聽起來好像羨煞不少人，但是其實是因為每當我寒暑假自己去日本探親時，年長的外婆不知道可以帶我這小蘿蔔頭去哪，家裡又不准我自己到處去閒逛，所以最終外婆為了讓我開心，只好帶我去我熟悉的迪士尼樂園。

　　不過說正格的，十幾歲的孩子得跟外婆以及與外婆同年長的Obajian去迪士尼樂園，真的不是太有趣。但是迪士尼樂園對我來說，還是一個快樂的回憶。因此當珈珈出生後，我就迫不及待買迪士尼的ＣＤ唱的《美女與野獸》、《獅子王》的歌給她聽。等到真正帶她去家附近的香港迪士尼，是她九個多月的時候。在那以前，她對米奇老鼠沒有什麼太大的感覺，看到也不太興奮，所以第一次去的時候，我跟馬先生其實只是想試水溫，看珈珈去樂園的反應。因此我們下午等她睡午覺醒來後才去，也定點選擇了一些表演節目，心想即使中場珈珈被嚇到的話，我們也可以隨意離席，而不是像坐遊樂設施上，非得等到走完一趟才能離開。

　　果真那次去，珈珈反應並沒有特別不同，跟她平時出門一樣開心。但是奇妙的是，當她回來後，突然認識米奇老鼠，並且愛上Mickey Mouse Clubhouse。第二次帶她去是在珈珈一歲後，我公婆來香港時，我們安排的家族迪士尼一日遊。想說公婆沒去過，而且迪士尼是個歡樂的地方，所以希望藉由迪士尼緩衝一下珈珈與他們之間的隔閡。不過心裡並沒有期望珈珈對

樂園會比上一次來的更興奮。沒想到去樂園的路上，珈珈已經感受到有什麼事情要發生了一樣，但是她還沒有認出一路上充滿米奇的頭，直到進了樂園以後，她看到米奇與米妮在與遊客照相時，她突然指著眼前的米奇與米妮興奮的大叫。旁邊剛好可以和唐老鴉和黛絲合照。我們就跟著排隊，但是這時我跟馬先生已經計畫好，為了怕珈珈近距離看到這麼大的玩偶嚇到，所以我們要左右夾攻抱著珈珈一起合照。

有趣的是，珈珈近距離看到唐老鴉跟黛絲沒有被嚇到，反而很開心一直跟他們嗨，然後自己主動去抓黛絲的手，然後轉頭再來抓唐老鴉的手。之後我們拍完準備要離開時，珈珈突然往黛絲大大的鴨嘴上親了下去。接下來珈珈就完全處在一個high翻天的情緒裡。要她上娃娃車馬上很配合地坐上去，然後到處跟旁邊的人揮手致意。只要看到米奇的圖像她就會開心的一直大叫。所以接下來的行程，我們就帶她去跟米妮和米奇見面，在排隊跟米妮照相時，珈珈已經迫不及待。

而這時她搶走我手上的地圖自己攤開來研究，彷彿一副我要來研究一下，我們下一站可以去哪。然後乖乖地等著跟米妮照相的時間。終於在排隊20分鐘後，珈珈可以與米妮面對面。她好像有很多話要跟米妮說一樣，見到米妮嘴巴咿咿呀呀不停，而且完全讓米妮牽著走，一點也不膽怯。然後我們跟她說，要不要抱抱米妮，她就猛一然地上前擁抱，頭還被米妮的鼻子給撞了一下。

再來就是跟她的偶像米奇會面了。當輪到珈珈照相時，米奇很有禮貌的跟珈珈揮揮手，而這時的珈珈像是看到大明星一樣，整個人害羞地呆站在那望著米奇，還是我邊推邊走地，把她帶到米奇身邊。好笑的是。因為米奇很專業的看著攝影師拍照，而這可惹惱了珈珈。她一直用手摸著米奇，然後自己又一直講不停，很熱情地親米奇。最後把米奇的鼻子親的都是口水。我們大人真的都很意外珈珈的表現。當然我們也很開心、捕捉到很多有趣的畫面，可以等到珈珈婚禮上播放，同時也不得不佩服米老鼠的魔力，可以深深

抓住這小妮子的心。

討好了小孩，也得配合公婆，所以我們安排去看了3D電影。珈珈雖然安靜的看，但是中間還是有緊緊握住爸爸的手，眼睛還是戴著大人的3D眼鏡，目不轉睛地看著電影。爾後又跟著大人去看歌舞秀。

當然這時的珈珈已經疲憊的撐不完全場30分鐘的節目，睡著了。即使她一直很努力地想擊敗瞌睡蟲，一直努力的張開眼睛想看，但最後我還是把她抱面向我身體。哄她睡覺。

迪士尼的魅力當然不僅止於米奇，我們帶她坐只有五分鐘的維尼熊遊樂設施，而這時我緊張的婆婆因為擔心裡面的黑暗會嚇到珈珈。所以全程眼睛像CCTV一樣監視著珈珈。不過珈珈完全沒有被黑暗的環境給嚇到，反而是一直用手撥開盯著她的奶奶。其實迪士尼對老一輩的歐洲人來說，完全沒有吸引力，並且也不覺得有什麼稀奇。我們剛開始推薦要去迪士尼時，公婆完全是很被動的同意，但是遊樂園的歡樂氣氛，真的可以感染給在場的人。到傍晚吃飯時，公婆說，這雖然不是他們去過最好玩的地方，但是他們還是很高興，因為設施都做的很好，表演也都很精彩。我當時心想：「哼！等你去過日本的，再跟我說迪士尼不是你去過最好玩的地方，嘿嘿」

去迪士尼樂園怎麼可能空手而回？因此我們找了一個販賣紀念品的攤位，幫珈珈找適合她年齡又不會太貴的玩具。這時坐在馬先生肩膀上的珈珈看到米妮吊飾，一手抓了兩個，而婆婆則搶著付錢。但是我覺得不可以珈珈拿什麼都買什麼，所以我跟珈珈說：「這兩個米妮你只能選擇一個，不能一次買兩個。你把不要的給媽咪放回去。」

婆婆在旁一直說，沒關係沒關係買兩個。但是這是原則問題，所以不能因為爺爺奶奶願意買，就通融家規。珈珈剛開始很撒嬌地，緊緊抱著兩隻米妮吊飾，但是我還是重複，不可以貪心，一定得把一個拿出來，不然兩個都不准買。

這時很多人一定會覺得，一歲多的孩子怎麼可能聽的懂？怎麼可能知道

不能買兩個，還要退一個給媽媽放回架上。其實當下的我也不是百分之百的確信珈珈懂，但是我相信我的意志她是理解的。

　　果真她在我第二次拒絕後，拿其中一個穿中國服的米妮還給我，另一個很聰明地拿給奶奶付賬。之後又很三八地沒事抱著奶奶買的米妮又親又抱，搞的婆婆差點又衝回去買那個珈珈放回去的米妮給她。我深信，去了這種地方必定是要買點小東西給小孩，但是我覺得不管孩子多大，一定得讓他們知道遊戲規則。而且他們做不到，我們大人就要準備轉頭就走，就算小孩哭也要堅持。通常一兩次後，小孩自己就會學會，與其大哭大鬧最後什麼都沒有，還不如照遊戲規則來。小孩一點都不笨，既不會餓到自己，也不會傻到把自己的路給斷了。有時對他們適時的放手，他們反而會比較獨立。

　　晚上我們在迪士尼用完餐以後，為了配合珈珈睡覺的作息，八點多就打道回府。因為畢竟是出來了一整天了，這麼多的刺激對珈珈的小腦袋來說，有太多東西需要吸收。所以在回家的路上，在公車裡，她就累癱在爸爸身上。回到家時，剛好趕上每晚八點半的Mickey Mouse Clubhouse。雖然已經播了一半，但是珈珈看到好朋友米奇，整個人精神又來了，很開心地在客廳又叫又拍手，直到被爸爸抓進浴室洗澡。那天，晚上我想珈珈的夢裡，應該來了不少迪士尼的好朋友。

一家三口渡週末

● ●

　　由於我放完三個月的產假後就回去上班了，所以我跟馬先生週一到週五可以和珈珈相處的時間，就早晚各一個半小時。早上就由馬先生單獨陪她講義大利文，而晚上只要不加班的話，我就會趕回家跟她說中文，幫她洗澡，弄她睡覺，因此週末就是我們一家三口的親密時間。只要她看到爸爸跟媽媽都在的時候，就會特別開心，在珈珈六個月以前，我們的週末幾乎還是以我們大人為主，早上在家裡，看看電視、上上網、中間再餵個奶，想出去吃飯也可以把她放進娃娃車後就出發。所以週休二日也比較輕鬆自在。

　　等她會坐跟會站以後都還算好，因為她至少還會在固定的地方，而她那時對所有玩具跟書籍都很有興趣，可以乖乖坐著玩，玩累了自己躺下，再翻翻身。如果帶她出去，她也可以乖乖坐在娃娃車裡看東看西。直到從台灣回來，學會玩樂和爬行以後，我跟馬先生的週末，就變成像在追小豬，一點都不輕鬆，而且等她會跑之後，簡直像打戰，一定要預先計畫，想好花招，因為這小妮子一刻都不想待在家裡，只想出去探險。加上我根本是個懶人加宅女，唯一興趣，就是睡懶覺跟待在家裡看電視，要我早早起來活動真的是要了我的命。而原本有早起習慣的馬先生，因為新工作繁忙，即使他以前都會早起去晨跑，但是現在累到週末只想懶在床上根本不想動。這樣懶惰的宅爸媽遇上外向的女兒，真的是傷透腦筋。讓我們懷疑珈珈的褓姆每天是如何辦到的。

　　可憐的馬先生在我的計謀唆使和重度洗腦之下，每個週末的早晨父女倆都會「快樂」的去咖啡店裡吃早餐：一個喝咖啡一個喝牛奶，再買早餐回來給還在睡懶覺的我享用。但是有一天，馬先生早上突然問我，為什麼不是我早起帶珈珈去吃早點，然後再帶早餐回來給他？這時我就會用很可憐的眼神

看著馬先生説，「這是你一週唯一跟女兒可以好好單獨相處的時間，她可是很期待跟爸爸的約會啊！」疼愛女兒的馬先生一聽到女兒期待跟他約會，就被我這個三寸不爛之舌給打敗，摸摸頭後，就帶珈珈去咖啡店，而我就倒頭繼續睡我的大頭覺。

待我醒來以後，也差不多是珈珈10點吃點心的時間，平時會在10點前小睡，但是難得可以跟爸爸玩一個早上，因此吃完點心，肚子飽飽，也就想睡飽飽，而累癱的馬先生這時也爬回床去補眠。我就可以享受安靜的家—看看電視、或者準備午餐。不過當大小兩隻都醒來後，就是我們體力大考驗，因為總不能一直窩在家裡—家裡小沒什麼空間可以玩樂，看電視也挺不健康的，而聽聽音樂唱唱歌對珈珈這月齡的小朋友持續力不久，但是可以一家外出遊玩又不要花大錢的活動，在香港還挺少的，所以最終我們就看天氣，看老爸老媽當天的體力看能帶去哪就去哪。

當天氣不好的時候，真的只能在家窩著，不然就是到超市去買買東西，看看東西，平時盡量不去商場，因為週休假日人爆多，而馬先生也怕我多花錢，所以去超市做個半小時的闊太太，買買食物這還能接受，夏天天氣好的時候，我們便會帶珈珈去泳池，這應該是我們最輕鬆的活動，因為只需要花入場費待一天，而回家後珈珈也會因為玩水玩到累，懶得找我們玩。冬天天氣冷，所以就帶她去家附近的公園玩玩溜滑梯、盪盪鞦韆。

不過有的時候，也會找其他有小孩的朋友們聚聚。到頭來我們發現這種交際反而更累，跟其他因為有小孩而認識，但並非很熟的夫妻朋友們聊天，還要邊顧珈珈，一眼盯著她們，一眼還要很認真的看著朋友聊天。有時珈珈因為無聊會巴在我身上爬上爬下，最後到回家時，大人因為説了一天的話累了，珈珈也因為無聊到翻，所以之後的爸媽寶寶聚會，孤僻的我倆就很少參加。但是偶爾為了讓珈珈學習社交能力，還是會跟馬先生一個剛好也住在愉景灣的單親同事帶著他的兒子一起到公園去玩玩。

之前因為迪士尼就在愉景灣旁邊，所以我們在下午時，也帶珈珈去玩

過。但是去的時候正逢夏天，又熱又悶的，所以根本無法排隊跟米老鼠與朋友們照相。雖然去以前，我們就在家裡上網，預先查好表演的時間，計畫好我們的行程，希望可以減少在戶外找路的時間，而珈珈雖然熱到全身黏答答，可是一進到表演場地，看到米奇老鼠跳舞唱歌就目不轉睛，認真的看完全程40分鐘的節目。但是晚上看完煙火回家後，她累我跟馬先生更累，因為我們發現，我跟馬先生要推娃娃車、要抱珈珈、要排隊、還要照相。兩個人四隻手根本不夠用，所以還是先打消到香港海洋公園的行程。

有一次我異想天開地拉著馬先生跟珈珈去看香港一年一度的國際嬰幼兒用品展，心想去挖寶貪個小便宜。因為在台灣，這種展覽都會有誘人的促銷活動，雖然嬰幼兒用品展應該是看不到活動show girl，但是有便宜可以撿，又能帶珈珈去耗時間，何樂而不為，所以一到展場我跟馬先生講好，我們當天的目標就是先找我們慣用的品牌，看他們有什麼折扣，結果就在推車擠推車、加人擠人的情況下，繞完全場。不管家裡有沒有地方存放，總之就先買了一箱的奶粉、幾大包的尿片、一盒又一盒的日本米餅跟副食品，拿了一包又一包的試用品包，堆滿著推車疲憊的回家。在路上，我跟馬先生算了算這樣可以省多少錢，結果才發現，這樣像瘋狗似地奔波一下午，最後才省了港幣三百塊不到（台幣一千二有找）。而回家後，因為沒地方擺上這些東西，有些還塞在行李箱裡，希望別忘了拿出來用。

但是話說回來，雖然我跟馬先生都很累，一整個週末不知道喝了多少杯咖啡，可是看到珈珈跟爸媽相處的快樂情景，連褓姆都小小吃味的說，她跟珈珈一個禮拜，陪她爬上爬下，又帶她騎馬打仗，都沒有這樣真誠的笑容。因為珈珈只要看到我們，即使沒跟她玩，她也會看看我們笑了笑，又再繼續翻箱倒櫃的玩遊戲。其實她要的，真的只是能看到我們，感受到我們給她的安定感。有的時候她會特別黏我們，一直要我們抱著，連看她最喜歡的卡通也要抱著。而有的時候，怎樣都要掙脫爸爸的擁抱，自己開心地在我們身邊爬來爬去。雖然她無法用語言告訴我們她愛我們，但我們都可以從她的行為

表現感受到，她真的打自內心的開心。同樣的，雖然每個週末我跟馬先生都過得很累，可是一到週一，在公司我們倆就會非常想珈珈，一有時間就上上facebook看看最新的照片，不然就是六點一到，馬上飛奔回家，緊緊抱住珈珈，再聞聞她沾滿又臭又甜口水味的小手，希望可以抓住這一刻。

給珈珈的一封信

親愛的珈珈：

自從知道懷了妳以後，懷孕的每個階段，都是一個美妙的經驗，即使孕吐，都是甜蜜的回憶，因為妳是我們滿心期待的小寶貝。

現在妳已經平安地來到這個世上，而我在見到妳的那一刻，就決定要給妳無私地愛。我會努力做個妳需要的媽媽，也期許自己成為一個妳想要的媽媽。我無法給妳所有全世界最好的（有時最好的，並不代表是最合適的），但我希望妳能開拓妳的視野，有不同的觀點，妳是個美麗的小孩，不過外表的美麗，只是一個空花瓶，所以我希望我能在你心中種下智慧和愛心的種子，讓妳的美隨著妳的年齡慢慢成熟，這樣妳內在的美，就會像賞心悅目的花兒，讓外在的美來襯托著。

當然，再成長的過程中，妳可能會懷疑我對妳的愛，但是我希望妳知道，我對妳的付出、說的一言一語，都是深思熟慮過的，也許當下妳可能無法諒解，但是請妳相信我。

我的女兒啊！請妳務必要記得，我會愛妳到永遠，無怨無悔。我很期待與妳一同創造屬於我們的故事，我也希望妳能原諒我犯的錯。我也在學習當媽媽，而且很開心有妳陪伴。

2009，9月

媽媽包都裝什麼

懷孕的時候，常常翻閱歐美的孕婦雜誌，所以不知不覺地，就對雜誌裡的時尚媽媽包很感興趣，總覺得背著美麗的媽媽包，自己儼然變成靚媽咪。所以等珈珈出生不久後，就很興奮地買了名牌媽媽包。

但是當時完全沒想過，帶孩子出去，有這麼多東西要帶，加上自己處女座個性，不知道為什麼會把自己變成小叮噹一樣，可以在媽媽包裡掏出各式各樣的玩意，還有，因為馬先生也會帶珈珈出去時，也會使用媽媽包，所以最終我們的名牌媽媽包很少在用，每天用的還是在專賣日本雜貨店便宜的媽媽用帆布包。

但是我覺得，新手媽媽還是需要一個名牌媽媽包來炫耀一下、開心一下。只不過真的別期望太多，因為真的只要掛名是名牌的，不是太重，就是根本不夠大。我自己就栽給美國的KS牌跟義大利的T牌，所以以下是珈珈出生到一歲前、以及一歲後的我塞在媽媽包裡的物品。別小看這些東西，雖然包會有點重有點大，但卻是像小叮噹的萬能口袋一樣，可以在需要的時候，掏出不同的有用工具。

出生到一歲以前

尿布袋──為了到餐廳的廁所可以不用帶著媽媽包，這種小包的尿布袋很方便。

尿布墊──有時找不到尿布台時，可以隨地換尿布使用。我就有看過美國媽媽在商場地上直接鋪上尿布墊，換起尿布。

溼紙巾──有分換尿布用的跟隨手擦拭用的和蒸餾過的，可以當臨時消毒擦拭。

口罩——從來沒使用過，但是很薄，帶著沒影響。

保溫壺——裝著溫度剛好的溫水，可以隨時泡奶，如果外出時間比較久的話，我會帶稍微熱一點的水，這樣等要喝的時候，溫度就剛好。

護理包——裡面放著防曬乳液、凡士林、紫草膏、酒精消毒液等急救護理用品。

拋棄式圍兜兜——因為開始吃副食品後，到一歲以前，吃東西還是會很難控制，所以拋棄式的用的既安心，也不怕弄髒衣服。

奶粉罐和奶瓶——日本有奶粉收集袋，可以方便攜帶，但是比較不環保，所以我們留在路途遙遠、需要多帶奶粉的情況下，才會使用。

塑膠盒和湯匙——方便調理副食品使用。

替換衣物——這其實通常是帶心安用，但是有一次在飛機上換尿布時，珈珈好死不死給我在脫尿布時尿尿，所以弄溼了衣服，好在有替換的衣服可以換，才不會有濕濕的尿臊味。

折疊式厚塑膠袋——如果臨時找不到垃圾筒，可以將換下的尿布放進去，或者可以放替換的衣服、餅乾，無論如何我一定會多帶以便不時之需。

奶嘴——一定要的啦，即使珈珈只有在睡覺時會才會討奶嘴，但是出外真的很難說。

玩具——包包裡一定會有可以吸引她注意的玩具。

一歲之後

尿布袋——這款日式媽媽用帆布包，有附送尿布袋跟薄薄的尿布墊，所以可以更方便，一包提起去廁所換尿布。

溼紙巾——還是有分換尿布用的、手擦拭用的，和蒸餾過的，可以當臨時消毒擦拭。

口罩——從來沒使用過，但是很薄沒影響，所以還是一直帶著。

護理包——還是帶著防曬乳液、凡士林、紫草膏、酒精消毒液等護理用

品。

水壺──出國才會帶保溫瓶、準備過夜用的奶，不然平時在家附近，只會帶水壺、保溫杯。如果是有計畫的外出，我會在家準備好珈珈的食物，放進保溫杯裡帶出去，這樣可以讓她多吃到一餐媽媽的愛心食物。

塑膠圍兜兜──一歲之後吃東西比較好控制，加上希望可以環保一點，所以只要一個可以捲起來的塑膠圍兜兜重複使用即可。

塑膠盒跟湯匙──之前用來調理副食品的塑膠盒，是用來裝餅乾用，不過湯匙有時也不須要帶，因為很多地方都有供應兒童餐具。

替換衣物──還是會帶著有點佔位的換洗衣物，但是還是有可能需要它。

折疊式厚塑膠袋──不常用，但是還是有用過。有一次，在裝了大便的尿布後，覺得不衛生，所以還是多帶了一點，在超市買水果用的塑膠袋（技巧就是在超市裝完水果後，不要打結，然後回家直接將水果放進冰箱櫃裡，這樣塑膠袋就可以再利用外出裝髒尿布）。

兒童座椅安全帶──有些地方沒有兒童座椅，所以這種安全帶就可以將小朋友安全地綁在大人的椅子上，不怕他們掉下去或跑走。

奶嘴──還是帶著預備著。

掛鉤──有時多買東西要掛娃娃車或者去超市可以掛推車用。

玩具──隨著年紀大玩具也變大了。

熊熊熱敷袋──到目前還沒打開使用過，但是因為太可愛，所以還是隨身攜帶。

懷孕迷思

●‧●‧●‧‧●‧●‧‧‧●‧‧‧●‧‧‧●‧‧●‧●‧‧●‧‧●‧‧‧

　　創造一個生命是一件很神聖的事，因為它賦予言語無法形容的期待與寄望。父母希望藉由下一代來完成他們未完成的夢想，老一輩則是對祖先們有交代，因為子孫們有做好傳宗接代的責任，因此多年來的傳統，造成不少懷孕婦女必須遵守一些坊間的習俗。有些有它的理由，而大部分則是被現代的醫學給推翻了。不過還是有不少婆婆媽媽甚至孕婦本身對這些傳統深信不疑。

　　很幸運的，家裡對這方面並不算太迷信，基本上只要我有按照醫生指示，飲食正常、還有搭配維他命，其他所謂懷孕時期的禁忌，大家都還算對我睜一隻眼閉一隻眼，不過，我在香港人眼中，就是完全不聽話的孕婦，在公司被已婚的媽媽、單身的OL、甚至已為人父的爸爸們唸到不行。以下是我整理出來 根據自己以及同期懷孕的朋友們所交換的個人經歷與心得 但是由於每個人孕程不同體質也不同 因此在嘗試新方式以前還是與婦產科醫師討論比較好

食物的迷思

一、屬冷性的食品不能吃

　　中醫的傳統，是將食物分為冷性與熱性兩種。根據每個人的體質來食用適合自己的食材。所以當我香港同事看到我吃柳丁時，每個人都大叫不行，當然當他們看到我手拿冰淇淋或者冰紅茶時，他們幾乎都要昏倒了。

　　不過在我和香港以及台灣的婦產科醫生詢問後，他們都不約而同的說，這些人是以傳統方式關心我，但是因為大多懷孕婦女因為體溫都比較高，所以體質都算比較燥熱。加上我是夏天懷孕的人，所以吃一點所謂冷性的蔬菜

水果，只要不要過量，不要一次吃個一打的柳丁，其實並不會怎樣的，反而還可以幫我降溫。

不過如果有妊娠糖尿病的孕婦們，就必須對飲食有所控制。因為糖尿病的糖，並不代表不吃甜的就行了。其實米飯、麵食、甚至麵包這些澱粉，也是妊娠糖尿病孕婦該注意的。不過我們炎黃子孫從小聽老一輩的說，吃飯皇帝大，要我們不吃米飯，真的很難。而且也不能說完全不攝取澱粉，所以可以早上中午食用。這樣讓體內有比較多時間來代謝，晚上則是可以選擇清淡的魚肉配蔬菜來均衡。

二、咖啡因類不能喝

剛懷孕頭三個月時，馬先生完全不准我碰任何咖啡因類，除了咖啡以外，像紅茶、熱巧克力、 甚至可樂，都不準我碰，因為他從懷孕書籍讀到，頭三個月是寶寶整體五官的發育期，是由胚胎轉化為寶寶很重要的過程，所以他很堅持。不過在我和婆婆抱怨馬先生的規定時，我婆婆竟然說她懷馬先生時，每天早上都還是照喝濃縮咖啡。不過當我回去跟馬先生說的時候，他扮鬼臉回我說，難道我要小孩跟他一樣瘋瘋癲癲嗎？

後來等20週寶寶器官檢查通過後，我就受不了，開始由偷喝紅茶，到後來正大光明在我先生面前喝。因為我在詢問過醫師後，醫生當我先生面說，只要一天不要超過一杯馬克杯的量，是沒有關係的。

穿衣的迷思

一、傳統孕婦裝

孕婦該穿什麼，好像孕婦店都幫我們選好了，就是大到可以當帳棚的孕婦裝。我自己在時尚圈工作，所以我可以很確信的是，這應該是針對孕婦的行銷手法，讓孕婦們深信，懷孕就該穿所謂的孕婦裝。當然現在坊間有出現專為孕婦設計的牛仔褲，或者稍微時尚的孕婦裝。不過這些在台灣還是滿少

見的，百貨公司裡賣的幾乎都還是傳統樣式，女人大肚便便。其實也是可以很美麗的，也是可以做個俏媽咪。

住的迷思

一、搬家

懷孕三個月左右時，我們必須搬離我們租的一房小單位到兩房小單位的租屋去。不過按傳統，是不能動到胎神的。對於這點，我還是不敢鐵齒，有按習俗看好日子、買了一把新掃把、要求我這不懂這習俗的義大利先生，在香港搬家工人搬運每一件家具以前，先拍拍家具，請胎神移位。不僅如此，在搬進新房後，我也不敢在牆上釘釘打打。我在正式搬進新房以前，已經安排好工人先去漆牆粉刷，修復一些內裝。該做的敲敲打打，還有安排新買的家具公司，在看好的黃道吉日先將東西送達安置。

之後在選好遷入的那一天，馬先生與搬家工人忙裡忙外同時，我則是早上由舊家出門與朋友聊天，耗到晚上回家時才回新家。這真是我這輩子最輕鬆的搬家經驗，如果覺得搬家是件麻煩事的婦女們，可以利用懷孕時搬家。這樣就可以無辜的摸著肚子，指揮先生爬上爬下。

行的迷思

一、不能遠行

剛發現懷孕的那天，我剛好到歐洲出差回來，之後跟著家人到日本過農曆年。隔沒多久約懷孕八週，我又帶著孕吐到歐洲出差，懷孕整個過程來來回回機場多次，也回台產檢幾次，但是每一次都是有先詢問醫生後，拿著醫生開的證明單上機，最後是在台灣婦產科醫生的指示下，在33週時回台乖乖待產。

在懷孕第二期五個多月時，我和馬先生去了一趟新加坡，享受最後的兩人世界。當初在選目的地時，我們和旅行社友人討論了很久，也詢問醫生意見。因為馬先生想去有陽光沙灘的地方，我則是想去有冷氣的地方。但是這類的地方，幾乎都是東南亞，醫療不如台灣、香港海島地區，不然就是有點貴的澳洲、夏威夷。由於醫生有交代，必須考慮當地的醫療設備技術，以及到醫院的距離，以防萬一。就這樣，新加坡的聖陶沙成為我們最後的選擇。

我在出國以前，都會先通知航空公司，以及下榻飯店的個人特別需求，所以如果有緊急狀況時，他們也比較有心理準備可以應付。但是每個人孕程跟體力不同，所以在考慮出遠門，與先生享受兩人世界以前。還是要與家人和醫生溝通過後，再執行。不過比起小小的香港，在台灣不見得一定要出國。台灣各地的風景區，其實可以選一個週末去住民宿，也是有相同的享受效果。

教育的迷思

一、胎教

不知曾幾何時，就有人推崇胎教。說是從懷胎時期，就可以刺激寶寶腦力發展訓練。他們還未出世，個個都是IQ 180。這不免讓我想到，我媽當時應該沒有很認真的做胎教，要不然我應該是台大哈佛畢業生。老實說，我對胎教效果真的不知道，不過，因為我在懷孕時感受到無限的喜悅，所以我常常會跟肚子裡的寶寶說話。也許是如此，在寶寶出世後，我的衝擊比先生來的小，因為我一直覺得這小生命一直在我身邊，只是她先在我肚子裡住了39個禮拜。

但是為了讓先生有參與感，每天睡前我會讓先生跟肚子裡的寶寶講悄悄話。但是他不知從哪裡看來，說胎教是由媽媽的腦波傳給肚子裡的寶寶。因此他要求，每天晚上當他和寶寶說故事唱歌時，我必須認真聽，不能同時打

簡訊或者看雜誌。而我必須說，看他為此堅持不移的態度很好笑。

　　我本身喜歡古典音樂，所以平時上班時，我有聽網路的愛樂電台的習慣。但是懷孕後，依先生的要求，我在聽的時候，必須將一隻耳機放在肚皮上，讓寶寶也聽到。不過有趣的是，我發現當肚裡的寶寶聽到爵士樂時，她就會在我肚裡猛踢，不知她是隨音樂起舞呢，還是要我不要再給她聽了。馬先生後來又不知道在哪裡看到說，每天放特定一首音樂給寶寶，聽在寶寶出世後聽到，會有安撫感。其實依我個人經驗，我覺得將她抱進懷裡，讓她聽我的心跳，那個安撫感比較快，也屢試不爽。

樂

　　懷孕期間娛樂的禁忌是什麼，我還真的不知道。不過因為懷孕期間剛好是H1N1的巔峰。為了安全起見，我們還是避免去人多的地方，像我愛的電影院，改成租錄影帶回家看。除此之外，我比較期待的行程應該就是每個月一次的spa。但是我還是有慎選SPA中心，找專門為孕婦設計的SPA療程，而且每次預約時，都會指定有受過孕婦按摩訓練的按摩師。我也沒聽說其他孕婦有什麼娛樂禁忌，不過每個人的孕程跟體力不同，所以在從事任何活動以前，還是先詢問醫生比較恰當。

寶寶外出清單列表

● · ● · ● · ● · ● · ● · ● · ● · ● · ● · ● · ● · ● · ● · ● · ●

食品類	FOOD	已準備 YES/NO	備註
奶粉	MILK POWER		帶上機 以防行李沒有到
副食品	SOLID FOOD		just few bottles, but not too many
米餅	BISCUITS/COOKIES		預防外出沒有胃口 或者預防吵鬧可食用
電解粉／茶飲	POCALI/JAP TEA		怕外出流汗過多缺少體內電解質
微波爐蒸鍋	MICORWAVE SERLISER		
奶瓶刷子	BOTTLE BRUSH		
奶瓶	BOTTLES		
湯匙	SPOON		
喝水練習杯	SIPPY CUP		
副食品剪刀	FOOD SISSOCR		
塑膠盒	PLASTIC BOX		
衣著類	CLOTHING		
外出衣	OUTTER WEAR		算好外出日子與氣後變化在家先搭配好
睡衣一兔裝	NIGHTIE		多帶兩件預防在外衣服髒了可以馬上換
外套	CARDIGAN		
帽子	HAT		
鞋子	SHOES		
襪子	SOCKS		
飾品(太陽眼鏡/泳衣等)	ACCESSORIES		按目的地季節與活動自行準備
寢具類	BEDDING		

食品類	FOOD	已準備 YES/NO	備註
枕頭	PILLOW		帶上飛機
毯子	BLANKET		帶上飛機 多帶幾條
衛生用品類	TOILETTETRY		
尿布	NAPPY		
拋棄式圍兜	DISPOSIBLE BIB		如果有塑膠可以捲的也可以 環保一點
濕紙巾/ 濕紙巾盒	WET TISSUE		帶一包大包的放飯店 幾包小包外出攜帶
蒸餾濕紙巾	STERLISED WET TISSUE		可以擦小手跟保持口腔清潔
厚塑膠袋	RUBBISH BAG		方便收集垃圾一起丟棄
藥品類	MEDICINE		醫藥用品因人而異 出發前請先諮詢小兒科醫生
發燒藥	PANADOL X FEVER		
腸胃藥	STOMACH MEDICINE		
防鼻塞藥水	NOSE DROP		
清潔鼻子用噴液	NASAL SPRAY		
其他類	OTHERS		
耳溫槍	TEMPUTURE		
防曬油	SUN BLOCK		
瘴氣膏	STOMACH CREAM		
凡士林	VASALINE		
防蚊液	MOSCHITO SPRAY		
酒精消毒液	ALCOHOL SPRAY		
乳液	BODY CREAM		
玩具	TOYS		不需要太多 出外隨手都是激發寶寶腦力發育的事物
音樂	MUSIC		
書籍	BOOKS		

食品類	FOOD	已準備 YES/NO	備註
娃娃車	PRAM		
攜帶式兒童床	PORTABLE CRIB		飯店預定
背巾	CARRIER		最好有護腰型的 這樣可以背久不傷身
媽媽包	MUMMY'S BAG		大型有拉鍊可背式的布袋子

時尚媽咪寶貝經

FASHION MOMMY
THE BABY BIBLE

身為職業婦女——
媽媽與女人之間

當了媽媽後的自己

●‧‧●‧‧‧●‧‧●‧‧‧●‧‧‧●‧‧‧●‧‧‧●‧‧●‧‧‧●‧‧‧●‧

　　從小到大，我都不是那個愛玩扮家家酒，幻想嫁給王子的人。五六歲時，我媽把我的房間從粉色系換成藍色調以後，我對粉紅色就沒有太多的愛戀，九年前認識先生後，也沒有對婚姻和生小孩有什麼幻想。當時決定結婚，也是兩個人在廚房裡聊天決定的，完全沒有所謂的義大利式浪漫求婚橋段，所以今天自己也不知道自己是怎麼走進這個做媽媽的角色裡。同事倒是覺得，生完小孩，我沒有改變，我還是一樣瘋狂、一樣無厘頭，唯一不同的，就是喜歡的流行時尚，由自己身上延伸到對童裝。

　　也許是因為這樣的心態，所以在知道懷孕後，自己也沒有太過於緊張，完全是處在隨遇而安的心情裡。即使孕吐到七個月，只覺得沒辦法就這樣過吧。連生產時的陣痛，也覺得來不及後悔了。之後開始學習親餵母奶跟產後的恢復。雖然辛苦，但因為月子中心過得舒服，所以也就樂在其中。

　　但是這樣的輕鬆好日子，很快的就被現實給襲擊了，因為生下珈珈後，雖然心情都一直還算平穩，也沒有出現產後憂鬱的現象，但是我不能不承認，當寶寶不在身邊時，很容易忘記有她的存在，那時開始懷疑，自己為什麼沒有像其他新手媽媽一樣很黏寶寶，覺得自己是不是有問題？然而在月子中心裡，有幾次不小心聽到隔壁媽媽跟先生吵架，心理為那些壓力大的媽媽感到疼惜，也為自己感到慶幸，因為我已經安排好一車的人手分階段幫忙。

　　因為在寶寶出生後，馬上就有月子中心的護士們來照料，所以平安的渡過黃疸與掉擠帶等大大小小新生兒常發生的問題。回家後，又有我媽跟以前帶我長大的奶媽幫忙，所以珈珈滿月後，我就出來逛大街。白天中午前，我會把珈珈帶去我奶媽家，然後跟我媽出去辦事兼happy一下。（註：新生兒有很多文件需要辦理，像是台灣的戶口登記、健保登記、護照申請，以及她

義大利領事館的出生登記等，花了不少時間，來來回回辦大大小小數不清的文件。）忙到傍晚再去我奶媽家接珈珈回家，而這時的珈珈都已經洗好澡、餵完奶、回家只要再做一餐，就可以放她在小床裡，睡到隔天四五點。有時她的乾媽在下班後，也會到我家來，幫我處理她睡覺，而我就可以翹腳看電視。

　　珈珈算是很乖的新生兒，也許是因為出生就是頭好壯壯的寶寶，所以滿月前，夜奶也只要餵一次。但是剛回家時，半夜會醒來找奶喝的時間不一定，所以禮拜天到禮拜四晚上，馬先生不在台灣時，就是我一個人獨戰。剛回家頭幾天有點被她搞得睡眠不足，因為這小妮子喝奶都是喝喝停停，所以我們都是母奶擠出來放奶瓶餵，這樣比較不會一直讓她掛在我胸前，而且也比較好換手餵。但是我得承認，有幾次很懶惰的直接放她在我大床上，兩個人躺著，她喝她的，我睡我的。後來發現這樣也沒有比較好，因為會害怕壓到她，所以沒有睡到半點。那時的我很期望晚上可以一眠好覺睡到自然醒，因為擔心珈珈SIDS（Sudden Infant Death Syndrome），即使有睡，多半都淺眠，很怕她睡到一半沒有了呼吸，也很期望我的體力可以恢復，不要沒走幾步路，就氣喘噓噓。也很期望產道不會這麼酸痛，不要沒站多久就需要坐下來。當然也很期望快點可以吃到冰淇淋和一杯香醇的濃縮咖啡，那時的我很期待一些生活瑣事。

　　回香港後，在我公婆還沒來以前的頭兩週，因為請到沒有經驗的褓姆，心情一度很低落，很怪罪自已，感覺像是被眼前這個褓姆給背叛了一樣，難過又生氣。但是還好香港有到府的陪月護士來幫忙幾天，因為最後一個月我是請無薪假，所以那時的我內心交戰很矛盾，到底要不要馬上回去上班。因為遇上不專業的褓姆，很掙扎是不是乾脆辭了褓姆，我留在家自己帶。為了這個上不上班的問題，和馬先生起了幾次爭執，因為總覺得男人無法了解這是個多麼艱難的決定。在和珈珈親密的相處了快兩個月後，先前會忘記她存在的疑慮已經不在，但是自己卻很清楚，我不適合做家庭主婦。從小到大就

不愛玩伴家家酒的人，又覺得自己還年輕，要我在家相夫教子，心情上我很難接受，因為還想在工作上做個什麼。當然工作上帶來的短暫刺激，永遠比不上做母親的成就，但是自己總覺得要在家好像還太早，自己的頭腦就像在拔河一樣。一天覺得我們可以省一點，我留在家裡，隔一天又覺得，留在家每天面對尿布與奶瓶可能會瘋掉。在辭掉第一個褓姆後，老天保佑讓我們找到不錯的新褓姆——貝兒，讓我們很放心的把珈珈托付給她。

直到公婆來到香港後，自己因為每天要應付婆婆拼命地尋找珈珈不愛喝奶的原因，被她搞到忘了自己到底要不要回去上班。最後就這樣，撐到回去上班的那一天。剛開始回去上班時，還挺興奮的，因為至少可以讓我正大光明的離開超緊張的婆婆，讓她獨自去尋找珈珈不喝奶的問題。但是很快的，因為想念珈珈，我在公司裡有點坐立不安，有幾次偷偷帶著她的用過的手帕上班，想念她時，就偷偷聞一下她的味道，但是有時會拿錯，拿到她吐奶過的手帕，真是臭。

但是對我來說，每天上班、偶爾加班這都還好，因為畢竟每天下班還是可以看到珈珈，比較困難的就是出差。我的工作必須到處出差，雖然不頻繁，但是短的兩三天、到長的一週都有，第一次出差是在珈珈滿三個月後回台灣，因為回台灣算是回家，所以即使多留了一兩天，也沒有想像中的困難。畢竟是回家，所以光辦貨跟大吃大喝就比較容易，不會太想念珈珈。不過第三天開始就有點受不了了，因為每個人看到我都會問珈珈，而每每提到她、或者看到她照片就會讓我很想趕快回來，之後再出差就是她五個月後。這一次出差將近一個禮拜，出發前灌了她最新的照片在我ipod裡，也copy了她最新的影像。但是我還是想她到無法控制的地步，而最讓我難過的是，回來後珈珈像是不認識我一樣，雖然看到我有很興奮的踢腳，但是還是會看看褓姆、再回來看看我。褓姆則是一直跟她說「是媽咪是媽咪啊」。回來後的頭幾天，珈珈會習慣找爸爸，雖然不排斥我，但是晚上弄她睡覺時，她還是對一直盯著我。她會閉上眼睛，然後又張開，看我在不在，直到我摸著她的

頭說，我還在這裡後，她才笑一笑睡著。

之後我向我以前常出差的老闆尋求意見，她則是對我說，小孩大一點就會明白，出差是我們的工作之一。她說像珈珈這麼小的孩子對他們來說 我們不在就等於不見，他們還不能理解我們只是短暫的不見。而我一走還這麼久，當然對他們的小腦袋來說，無法理解媽媽會不會回來，而對我們大人來說，很不幸的，不會因為多次出差而習慣出差這件事，反而是一次比一次更想他們。

生小孩前，我只要把自己和馬先生照顧好，今天想出去吃就出去，週末想懶惰在床上看電視影集，不做飯也不打掃一整天也無所謂。想出國去渡假只要跟公司請了假就可以出發，而現在多了一個人，而這個人卻是這麼地脆弱，需要我們的保護。突然間我的角色從輕鬆的女兒和太太，變成媽媽一職。這不是容易的轉變，當珈珈哭鬧不停的時候，會很想跟著她哭，因為問她為什麼哭，她只會看著我，哭的更大聲。但是看她快樂的為不起眼的小事咯咯笑時，又覺得那個天真的笑容，真的會讓一切憂慮瞬間消失。

從來都沒有人敢說，母親是簡單的角色，尤其在21世紀裡，媽媽們已經不再像從前的婦女，要照顧一家大小、為他們煮飯洗衣。這樣瑣碎的生活雜事，現在不管是家庭主婦也好，職業婦女也好，都具有它的挑戰。除了必須具備傳統婦女堅韌不拔的個性以外，對家庭主婦來說，她們要不段的跟進社會腳步，不斷的進修、不要讓自己與社會脫軌，而職業婦女要在繁忙的行程裡，事先安排好與孩子們相處的時間，了解他們在不同階段的成長，不管在家也好、工作也好，都不是一件輕鬆的工作。而媽媽們往往都是在無怨無悔不求回報的心態下，為家庭付出。在這裡與眾天下的母親們共勉之。

後記：

在孩子出生後一年，心裡不免還是很掙扎，為什麼「我」變成第二順位，但是藉由換工作的空檔，有機會可以享受一下家庭主婦的生活。雖然

每天忙碌而且充實，感覺上比工作更耗體力，因為每天追著一歲小孩跑，每一天都過得非常快。不過當了一年多的媽媽，自己可以感受到自己越來越沈穩，脾氣也慢慢被這小孩磨得更圓滑，跟馬先生也比較有默契互補。我現在更喜歡當了媽媽後的自己，因為覺得自己好相處多了。

孕婦時尚

● ●

　　其實孕婦真的可以把自己打扮得美美的，不見得一定要把大腹便便的身型給藏起來。由於自己喜好較為貼身的服飾，比較不喜歡像米袋的孕婦連身吊帶裙。好在香港這個國際都市，還是找得到稍微時尚點的孕婦裝，但是價位都算高，而孕婦裝普遍大概最多穿一次，一生能穿個三次以上的就太厲害了。因為這樣，買貴我個人覺得有點浪費。

　　我因為胎位比較低，加上寶寶比較大，所以我在懷胎在四個多月時，平時常穿的衣服、尤其褲子，有不少都被打入冷宮。因此我在位於中環的H&M（http://www.hm.com/hk/）裡找超便宜又帶有時尚感的孕婦裝。在那裡，我買了不同款式、不同顏色的褲子，因為便宜，所以生完送給別人也不心痛。當然我還是在 BUMPS TO BABE（http://www.bumpstobabes.com/）的OUTLET買了一件孕婦專用、有彈性的SKINNY JEANS，讓自己時髦一下。但是這條褲子我到現在還捨不得送給別人，由於產後三個月還是擠不下以前的褲子，所以偶爾還是會穿這條SKINNY JEANS，讓它的生命稍微延伸一下。

　　除此之外我也在網路上找尋歐美比較不同的孕婦裝 像是中價位的ASOS，（http://www.asos.com/Women/Maternity/Cat/pgecategory.aspx？cid=5813）他們就有美美的洋裝。當然如果想要讓自己覺得像是好萊塢明星的話，就可以試試ISABELLA OLIVER（http://www.isabellaoliver.com/maternity-clothes/）但是他們的衣服都屬高價位。但是真的很都時尚，有些款式，生完後都還能繼續穿。所以應該可以算是買的值得吧。

　　在時尚圈工作的我，不可能不參考一些雜誌，但是我不得不說，亞洲的孕婦雜誌都著重於育兒知識與經驗分享，比較沒有在孕婦時尚這塊，

所以我每個月買的，幾乎都是歐美的相關雜誌。當然台灣這類歐美雜誌沒有香港來的多元化，所以也可以參考一些網站，像有專門討論孕婦時尚的PREGNANCY STYLE 它有分明星類以及時尚類，（http://pregnancyfashion.sheknows.com/）可以參考。

不然就是逛逛其他類似的網路商店，找找靈感，因為我後來發現，只要注意服裝的剪裁，上衣和洋裝不見得一定要買所謂的孕婦裝。當然褲子就真的比較找，不過不買標示孕婦裝的上衣，多少有省一點。

以下是我自己的實戰經驗，還有一些身為孕婦時愛逛的網站：

EGG MATERNITY http://www.eggmaternity.com/shop/range.html

SHOP BY STYLE http://www.shopstyle.com/browse/maternity-clothes

A PEA IN THE POD http://www.apeainthepod.com/

大約五個月到新加坡玩時，穿的是簡單的黑色連身洋裝。但是看不到的是，它在腰身的剪裁是以縐折方式，不會讓肚子有壓迫感。而因為是黑色的，所以正面完全看不出懷孕。

這其實是普通到不能再普通的家居棉質洋裝，我在胸下用日本綁和服用的繩子綁個蝴蝶結，勾勒出簡單的孕婦樣。這樣就可以正大光明的在公車上要求別人讓位給我。

在懷孕頭兩期我也喜歡在肚子上頭圍一圈軟質皮帶，但是在孕程後期，肚子就真的太大。這樣圍就比較不舒服了，所以可以換成較長的絲巾代替。

懷孕期間如果是夏天，真的需要一件伸展很好、而且夠長的T-Shirt。有一件粉紅色無袖TANK TO，我可是從懷孕初期穿到快要生。當然由於夏天，我搭配的是孕婦短褲，讓自己看起來沒有太笨重。

已經流行好幾個夏天的MAXI DRES。對孕婦來說真的是舒服又簡單的選擇。當然要注意的是，剪裁最好是落在胸下的EMPIRE CUT（帝國式長袍）為宜，因為它的落點剛好在胸部下方、腰部上方。所以只要不是太緊，不管

胎位坐落在哪，都適合穿。但是要注意的是，裙襬不要過長，這樣就不容易
踩到。

母親v.s.工作

●●●●●●●●●●●●●●●●●●●●●●●●●●●

懷孕時，我就知道我短期內應該不可能會變成家庭主婦，不是因為我不看重這個家庭主婦的職位，但是我不能變成家庭主婦有兩點——一來是我知道我的耐性不足，還有，我覺得我的人生經歷還不夠，因此無法勝任在家相夫教子這個工作；二來是為了可以讓馬先生少點負擔，所以我還是希望出去掙奶粉錢。

因為很清楚地知道自己不可能會辭退在家帶小孩，所以打從懷孕時，就開始物色褓姆人選。中間經過了不合適的人選，才找到現在這個褓姆。

所以產假過後，就按原訂計畫回到工作崗位，準備再好好幹一場豐功偉業。只是人算不如天算，誰知道在我產假期間，下面的人對我的職位已經虎視眈眈，而待我回來上工後，對我態度也變得不友善。自己告訴自己要忍住，畢竟我是中間主管，即使下面有人墊著，上面也有人頂著，不管怎樣要有自己的氣度。

最後沒想到回來一陣子後，這問題並沒有好轉，自己莫名其妙地變成別人的眼中釘也就算了，連高層也被流言蜚語給洗腦了，對我也有跳到黃河也洗不清的誤會。公司裡疼惜我的同事最後看不下去，跟我說了我所不知道的事情，細節也就不去解釋了。

反正時尚圈女人間的複雜關係，真的一言難盡。因此我提出了辭呈，但是我要聲明，並不是因為要逃避複雜的人事關係，而是這個煩心事，給我了勇氣讓我重新審視自己的未來，因此做出這樣的決定。因為這惱人的人事、是非已經影響到自己原本平靜的情緒。其實會走到這一步，並不是簡單的翻桌走人就算了。中間必須考慮的真的很多

第一，馬先生換了新工作，而這新工作對他是個很好的跳板，可以重新

回到他熱愛的電視製作的環境，對他的創意有極大的刺激，讓他每天上班的腎上腺素被激起。可是相對的，他上下班的時間比之前更來的長，常常連週末也要加班，有時也必須要出差，所以這讓我必須考慮到，假使我們倆同時出差時該怎麼辦？是把珈珈完全丟給褓姆嗎？而且以目前工作來說，我每年固定的出差次數還是不少，而馬先生往往都是臨時派去這派去那，一次出差時間長短也不定，所以很難事先安排好。

第二，我們一家在香港並沒有家人，因此對珈珈來說，她所認知到的家庭結構就是爸爸、媽媽，以及褓姆三人。爺爺奶奶跟外公外婆則是偶爾出現的臨時演員，她無法理解，週日全家去外婆家吃飯的那種大家庭的熱絡，無法理解一個家庭組織還有很多輩份的親戚。這樣的倫理關係，是我無法教給她的。每當我想到，她無法與親戚有所互動，我就不免感到遺憾，因此讓我更排斥我跟馬先生倆不僅忙碌，出差頻率還同時都很高。

第三，曾經看過一篇影響我很深的文章，是出自紐約瘋媽Jenny書裡面的一篇──「父母的有效期限」，是說她認為能把好的家教根深蒂固的教給孩子，是在他們人生的頭十年。當然我無法辭職在家，但是我深深認為，教育現代的孩子真的不能用我們從前長大的方式來教育他們，因為現代社會裡有太多資訊，父母必須幫忙過濾，也必須仰賴父母來控制。還有，我無法認同香港普遍雙薪父母將孩子交付給外傭後，自己就繼續忙碌。

外傭固然是個好幫手，可以讓雙薪夫妻無後顧之憂地出外打拼，但是把教育的責任丟給外傭、學校和老師，還不如不要生好了。

當然現代社會很多夫妻都跟我們一樣，夫妻倆不得不都出去工作，但是我相信是可以有辦法做平衡的，只不過夫妻倆其中一人可能必須在事業企圖心上退居一步。就因為這些種種的原因，讓我與馬先生經過一晚的促膝長談後，我們一起決定這階段讓我先辭掉那個讓我很不快樂的工作，本身我不喜歡騎驢找馬，即使這是個很普遍的換工作型式。

只是，我對每一份工作都給予我的全部，因此我自己做不到週五才從舊

公司辭退，而過個週末，週一就到新公司工作。我個人是需要時間讓自己沉澱，重新啟動新的自己，才能對新的工作完全投入。加上公司需要三個月的交接期，所以我自己掐指一算。希望自己在2010年底以前結束這件事，然後放自己幾個月的小假，休息充電一下。還有，馬先生現在正處於被重視、並給予充裕的創意空間，讓他成長的公司，算是他壯年期的衝刺階段，如果今天我們倆是無子狀態，身為太太的我也許可以無憂無慮地找尋自己事業上的春天，但是家裡現在多個人，而且是需要我們投入心血栽培的寶貝，除了她所需的經濟穩定，她更需要父母實際上的愛與時間來陪著她長大。當初有要轉換跑道的念頭時，老實說我很難吞下我那顆期待找到閃耀機會的事業心，可是我相信很多事情都是冥冥之中有安排的，因為在工作上遇到挫折，讓我對自己所擁有的感到無比的感恩。

　　我知道世界上沒有完美的人生，只是我面對挫折時的心態，是將它當成一個成長機會，給自己一個暫停的機會，讓自己好好重新分析自己，給自己重新思考的機會。

　　我發現到，什麼是我生命裡真正愛護的東西，雖然自己常常把家庭掛在嘴邊，可是因為重新體會家庭對我來說有無比的定義，因此我可以毫無悔意地做這個決定，也知道自己未來的方向。我期許這個信念，會給我更大的力量，支撐我面對未來的挑戰。

身為職業婦女

● · · ● · · ● · · ● · · ● · · ● · · ● · · ● · · ● · · ● · · ● · · ●

　　很多人認為有家庭的婦女不會毅然決然地辭職，因為職業婦女為了要維持家庭所以多半都會為求安定而隱忍在工作上藏起心裡的不快，這當然也是我當初遲遲無法下定決心的其中一個考慮點，因為畢竟上一份工作真的太穩定而且工作內容也算容易控制，基本上我笑說是一份在職退休的工作。不過當時的環境真的讓我做得非常氣餒，每天像是小學生希望自己生重病無法去學校般地排斥上班，所以為了自己的精神健康，以及維持家庭的和諧我知道自己接下來該走的路就是離開那一份工作。不過在沒有新工作銜接下離職其實真的很可怕，所以我特地安排在聖誕假期期間離職，並且撥一點預算帶孩子旅行回台灣以及義大利與家人相處。

　　剛離職時說實在我當時心裡真的很沒有底完全不知道下一步該怎麼走，我只知道我不想要繼續做時尚公關的工作，因為在香港這類的工作性質無法讓我完全以我想要的方式維持家庭，但同時自己對公關這份專業還是非常熱忱，所以剛開始我是計畫性地投遞履歷，以公關的角度包裝自己。但是老天真的是給了我一個大功課，因為我遇上的要麼就是我超想要的工作，但我卻必須犧牲家庭投資在這份工作上，不然就是單調到會想睡覺的工作，再不然就是遠到我不知道怎麼去辦公室的工作，所以我經過了幾個月邊找工作邊找尋自己的階段，當時真的很茫然，但是因為這是當初辭職時自己所預期的，所以並不害怕只是覺得有點不知所措。

　　慢慢地先生開始感受到我的茫然而不自覺給我壓力，他不是因為家裡少了一個人掙錢，是因為他看到我這麼不知所措而自己每天卻還是如此晚下班無法陪伴我，不知不覺感到內疚而希望我早點回去上班。中間真的很生氣覺得他怎麼可以這麼自私，可是後來與朋友聊天我發現到，男人其實都不喜歡

"改變"與"無法預期掌握的事"，而我正好把這兩大因素帶進我們的生活裡，所以讓我先生因為我找尋自我的時間延長而開始感受到精神緊繃。

直到過年期間聽到做企業品牌形象多年的父親與好友的一番諫言，讓我仔細深思三十而後的生活，當時父親與好友說，過了三十歲的事業就不再是學習，而是經營自己，幫自己定位，這樣事業才能持久這樣才不會被長江後浪推前浪給淘汰掉。這番話讓我想了很久並且重新審視自己，因此我發現我以身為母親而驕傲但同時我也以做自己為驕傲，我很開心女兒帶給我的歡樂，但是我也很開心因為我堅持做自己而教給女兒的人生觀。

就這樣我帶著對自己的新發現回到香港，卯起來整理過去我以女兒為題材與家人分享所寫的文章，並且勇敢地拿著自己的東西再度回到台灣找出版社，不過當時自己完全沒有想過東西會被選上出版，只希望可以透過這樣的機會學一些經驗，沒想到當遇上晨星出版社的社長時，他給了我很大的信心與指教，同時也給了我一個舞台。

再次帶著新希望回到香港後，我停止了一切找工作的活動，因為我知道我人生下一個階段的轉輪一個發條已經上了，但是我真的必須要認真的計畫我下一步該走的路。因為辭職在家裡的期間，我發現到維珈因為我在家的改變，而我也發現正在快速成長的維珈是多麼需要媽媽在旁指導，好讓我可以馬上改正她的行為舉止，因為兩歲的孩子真的很喜歡挑戰大人的極限與耐心，所以這段時間我可以近距離地觀察她一舉一動感受到她的成長，讓我知道當初辭職的決定是對的。

同一時間自己卻深陷在一股很矛盾的泥沼裡不知道該怎麼走出來，因為自己不斷地與自己在拔河，做媽媽的我希望我可以專心留在家裡教養孩子，但身為現代女性的我卻渴望工作上的腦力激盪，而每天聽先生高談闊論公司的大小事時，老實說心裡真的很不平衡，那段期間每天像是一場拉鋸戰不知道該怎麼結束，慢慢地也感受到跟先生的距離，因為不知道為什麼宅在家的期間，自己對公司的繁雜事一點都不感興趣，所以在太太這一職上有開始偷

懶的跡象。

但是我深信這一切老天自有安排，在一次與友人聊天時聽到在香港我喜愛的一家以兒童為出發點的法國時尚生活概念店——Petit Bazaar 在短短一年間開了第二家店，這時公關的我突然靈機一動給了我一個瘋狂的想法。當然我是個打鐵要趁熱的個性，在仔細衡量我能帶給這個品牌什麼以後，很快的我馬上給概念店的創辦人寫了一封郵件，自己毛遂自薦希望可以負責他們品牌的公關市場事宜。

我萬萬都沒有想到對方幾乎馬上回覆安排要與我面談，所以我趕緊準備一份簡單的企劃案提案去。這讓我再次體驗到是你的就是你的命運，在面談期間我很開心可以與創辦人有如此的火花，也很開心她對我的公關專業有所尊重，這讓我有務必要做好這份工作的使命感。

在珈珈出生以後，我慢慢地由流行時尚雜誌忠實讀者轉為國內外幼兒家庭雜誌的訂戶，也在網路上收集了不少兒童家庭相關的品牌資訊。所以能夠成為這家時尚生活概念店一員，真的是我做夢都想不到的因緣，同時由於創辦人自己也是母親，所以她給我很大的空間來安排自己的時間好讓我能夠顧到家庭，因為這對她來說是整家概念店背後的精神。我很感謝老天讓我看到自己生命的重心，即使花了一點時間走到這裡，但是祂教會了我跳脫自己的安全底限，倘若我當初在最茫然期間不敢對自己瘋狂的想法放手一搏，我今天就只能是這家店的忠實顧客，而不會是這幕後創意發想的team member.

在未來我相信我會開始忙碌，但是經過這次的沈澱讓我找到一個對我自己、對家庭都很好的出路，當然離開集團轉戰到小品牌會有很大的落差，但是我很開心自己可以將興趣轉為職業，很開心在工作與家庭中間找到一個自己覺得很舒服的平衡點。

第一個母親節

●‧●‧●‧●‧●‧●‧●‧●‧●‧●‧●‧●‧●‧●‧●‧●‧●‧

　　長這麼大，這是我第一次以媽媽的身分過母親節。以前都是忙著打電話祝福婆婆媽媽。這次我終於多一個可以騙馬先生買花的節日，所以在四月底的時候，我就在馬先生的手機裡設定提醒功能，要他記得代表女兒有所表示，然後就幻想第一個母親節會是個又幸福又充滿紀念性的日子，但總是事與願違。

　　早上八點多，就被馬先生關門的聲音吵醒，原本想開口罵人，但是後來想到是母親節，猜想他應該是去買早餐回來，所以就假睡等他拿早餐進來。果然被一陣陣麵包香薰醒，然後看到他買的百合花（註：因為我不喜歡康乃馨），一早醒來心情很好，因為天氣也很好，之後馬先生就出去練習他今年跟朋友參加我們這社區的龍舟競賽，然後珈珈心情也很high，也還算乖，可以自己在螃蟹車跟著我準備出門的家當。但是我必須承認，我有故意先把娃娃車拿出來打開，讓她知道我們要出門，不然她一定會吵著要我跟她玩。

　　因為是母親節，所以我精心設計了跟珈珈穿現在流行的同「feel」母女裝—不是兩個人穿一模一樣大小兩件，而是分開，把不相干但是同色系的衣服互相搭配，所以我們大小兩隻個穿了粉色系的長裙跟白色上衣，搭配上頭上的花，快樂的出門，去接練完龍舟的馬先生。

　　由於和馬先生一同划龍舟的同伴們，有些是跟他在同業界的人，所以為了馬先生的商業關係，我們留下來與其他家族交際。不過我必須承認，雖然我是靠嘴工作的公關，但是面對第一次認識的媽媽，開口閉口都是講小孩，我真的不知道該說什麼才好，很努力想話題。而且因為話題都繞在小朋友身上，當場可以很明顯的感受到比較心態。珈珈是個天生公關的天秤座，每次在外面都出奇的乖巧，其實一進門在家才沒有這麼好應付。每當碰到要她大

哭引起注意的時候，她偏偏不哭也不鬧，即使偷捏她的金華火腿也是一樣。雖然她還是會像毛毛蟲一樣蹭啊蹭，不停的動來動去，但是都還算安分。還有，她在外面完全沒有睡覺問題，只要想睡，放娃娃車上照睡不誤，所以剛開始這些媽媽們還會跟我有說有笑，之後看到珈珈這麼安分後，我可以感受到注意力轉移，可以感受到不同的眼光。當場我覺得備感壓力，忍不住用腳一直踢娃娃車，看看可不可以把珈珈弄醒，讓她小哭一下，平衡其他媽媽的心態。

　　不知道為什麼，西方人都很喜歡炎炎夏日的感覺。我明明熱到發昏，跟珈珈全身黏答答，他們卻可以盡情的喝啤酒談笑風生。幾個小時後，我忍不住這炎熱的天氣，跟這個讓我很彆扭的家族聚會。我故意找藉口說要去有冷氣的地方離開，沒想到馬先生一個朋友竟然跟來繼續聊，當下真想昏倒「拜託母親節ㄟ！可以讓我們一家三口小聚一下嗎？」後來喝了冰紅茶降溫後，心情也稍稍降溫，誰知道要離開時，馬先生提議要去游泳池，他朋友竟然也說，「好啊！太熱了去泡泡水吧」原本降溫的脾氣一下起來，趁馬先生朋友去廁所時罵他：「有沒有搞錯啊！！！母親節ㄟ！」要離開時才想到，天哪！今天精心設計的母女裝，竟然連一張照片都沒有，沒想到馬先生很隨便的拍幾張就交差。

　　最後再找個白爛的理由要離開，馬先生朋友應該也懂了，終於放我們一家三口回家。在車上因為馬先生很隨便的拍我們的母女裝，所以跟他說，回家後拜託幫我再照個幾張做紀念。就在這時，突然聞到一股嘔吐味。低頭一看，珈珈竟然給我吐了！我的母女裝照也到此結束。

　　回家後才發現大事不妙，因為珈珈吃飯的時間快到了，而且冰箱裡什麼都沒有，所以全家快速的沖個涼後，又整理出門，去超市採買一個禮拜的食物，再趕回來快速弄給珈珈吃。然後我就開始準備煮她一個禮拜的baby餐。而且還要準備ＡＢＣ三種不同的餐色。雖然這種事可以請褓姆幫我準備，但是我因為上班的關係，所以我希望把我的愛煮進她吃的食物裡。每個禮拜再

辛苦我也堅持我跟馬先生準備。當我在廚房裡忙著烹調愛心餐時，馬先生完全攤在沙發上看雜誌。請他幫我顧珈珈，沒想到他累到放任珈珈坐螃蟹車去搬書櫃裡的書，把客廳弄得像颱風掃過一般。而這時我的脾氣也差不多要爆發了，很氣自己像瘋婆子一樣過母親節，電視裡的媽媽過母親節不都是一家和樂融融，為什麼我像敢死隊趕不停。不只如此，因為累積了一個禮拜換季的衣服，等忙完可以坐下來吃晚餐時，已經八點多，又是該幫珈珈洗澡餵奶弄睡覺的時候。等她睡著後，我也忍不住攤倒在床上，隔天醒來全身筋骨痠痛。

　　我從第一個母親節學到的就是，以後的母親節，當天我要罷工，去做SPA一整天，然後什麼都不做。我不要再過一個忙到昏頭亂象，狼狽不堪的母親節！

媽媽發脾氣

●‧●‧‧●‧‧●‧‧●‧‧●‧‧●‧‧●‧‧●‧‧●‧‧●‧‧●‧‧●‧‧●

　　我跟馬先生因為在一起久了，所以一個眼色就知道對方的意思了。但是在珈珈面前，我跟馬先生都不會刻意隱藏我們的情緒，我們不會忌諱在珈珈面前表現我們的喜怒哀樂，即使當我們倆意見不合，劍拔弩張的時候，我們也不會刻意躲起來吵，然後在珈珈面前表現一切和樂融融的樣子。當然，這時的珈珈會像在看網球賽一樣，瞪大眼左看右看。所以我們就邊爭論，邊跟珈珈解釋，爸爸媽媽在討論事情。當然我們吵架並不會口出惡言，比較像是像辯論般的爭吵。會這樣做其實是因為，我們認為情緒是情感的一部分，不可能永遠都在兒女們面前隱藏我們的喜怒哀樂。當然我跟馬先生通常是不會到失控大打出手，不過為了萬一，我們還是有暗語，當雙方因為意見不合脾氣愈來愈大時，我們就會說出暗號，意思就是現在不要再講了，待會等珈珈睡了我再好好跟你算帳。

　　這一天，我因為生病，身體痠痛又咳嗽不止，人非常不舒服，而爸爸加班累到癱，褓姆又週休。不知道為什麼，平常好相處的小朋友，剛好選在這天突然變得很「歡」。我也無法「樓頂揪樓咖，阿公揪阿嬤」呼喚親朋好友來幫忙，真的有種叫天天不靈，叫地地不應的無奈感。不知道是不是因為珈珈可以感受到空氣中爸爸媽媽都很疲憊，因此原本期待週末可以跟爸媽玩樂的小朋友，也感到無奈，而變成很不配合。

　　平時會乖乖自己坐好吃飯的珈珈，偏偏這時一直不要吃，直到抱在腿上餵她，才勉強吃完。然後平時吃完中飯就睡覺的珈珈，明明一直揉眼睛，往我身上磨蹭要我抱著，但是放下小床後又翻來覆去不要睡。放了平時的安眠曲後離開房間，就開始大哭，怎樣都像無尾熊一樣，巴著我們身上。這時我忍不住了，突然放聲對珈珈大叫說：「張珈珈！！！你到底是要睡覺還是不

要睡？」珈珈被這突兀其來的爆發嚇著了，兩隻眼睛盯著我，應該知道媽媽生氣了，所以馬上乖乖抓著心愛的兔兔躺下，還不時偷偷看著我。這是我第一次對珈珈生氣，看她這樣偷偷看我，讓我好自責。所以一直坐在她床邊，摸著她的頭。即使她已經睡著了，還是一直偷偷跟她說對不起。

　　但是小孩的記憶真的是短暫，午覺起來後，又開始很不配合又黏人，馬先生雖然有休息了，但因為看我隨時會爆發，所以還是拖著疲憊的身軀帶著珈珈去公園玩。不過公園回來後，珈珈晚上又再次上演要吃不吃的，最後放棄了。拿出最後的王牌，讓她邊看天線寶寶邊吃，才有辦法慢慢吃完副食品。但是喝奶時，又要我們在她身邊陪她喝，不能放下她去做事。好不容易熬到洗完澡後，準備讓她睡覺的時候，她不知怎麼了，我因為真的很不舒服，所以躺在地上看著她玩。她突然爬過來我懷裡躺著，我跟馬先生以為她差不多想睡了，所以拿了奶嘴跟兔兔給她，而她就吃著奶嘴、一手抱著兔兔、一手摸著我的手鍊，而我則是一手抱著她、一手摸著她的頭，這時我在耳邊跟她說：「媽媽今天對你發脾氣，不是故意的，可是媽媽因為生病身體很不舒服，你又不聽話，所以才忍不住對你大罵。你今天應該是有嚇到吧？媽媽下次會盡量不要再對你大發脾氣了，你原諒媽媽好嗎？」說完後，珈珈抬起頭看著我，一手抓著我抱著她的那隻手，另一隻手又繼續摸著我的手鍊，頓時就感覺一切非常祥和，心想這孩子怎麼這麼體貼，而在一旁的馬先生也興奮地期待，珈珈快點睡，好讓爸媽我們也早點休息。

　　就在這時，珈珈突然轉身爬起來，深情款款地看著我，小指頭突然伸起來指了指我，坐起來給了我一個可以融冰的笑臉之後，轉頭迅速地爬走，還邊爬邊叫地跑去玩書櫃裡的書，把書一本一本地全部翻出來，即使我跟她說：「NO，不可以。」她也是一臉無辜樣，看著我笑了笑，轉頭繼續翻箱倒櫃，把書全翻出來。這時的我不管三七二十一，大叫：「張珈珈，你在搞什麼！」快步上前、一手把珈珈抱起，不管她如何掙扎，直接抱去她房間，放進她的小床、按下安眠曲後，關門出來，放任她哭鬧幾分鐘後，我知道自

己這樣的行為會導致珈珈的不安，所以我又進去她房間，對著淚眼汪汪的珈珈跟說：「現在是小朋友睡覺的時間，不是玩樂的時候。」但她還是不停的哭，不停的張手要我抱她。平時的我會將她抱起，CUDDLE一下，在她耳邊「噓噓噓」後，再放回小床讓她睡覺，但是這時的我，因為身體真的很不舒服，想抓狂關門走人。可是又不能把責任丟給馬先生來結束，因為我們倆個說好，當管教珈珈時誰開始就得誰來解決，不然會讓珈珈誤認爸媽中間有隙縫可鑽。也就是說，如果今天我關門走人，然後馬先生進來哄珈珈睡，這樣會讓珈珈小小的心靈誤認媽媽不要她了，或者認為爸爸最疼她，以後不要聽媽媽話的時候找爸爸。

所以我深吸口氣，告訴自己身體不舒服不是珈珈的錯，而她也不懂媽媽生病了，所以不能把自己的情緒加在她身上。就這樣我抓起哭不停的珈珈抱著她坐在我腿上，可是這小妮子可能想說，又得到媽媽的注意，又開心的在我懷裡動啊動，一下指指電風扇，一下又指指書櫃裡的書，不然又抓兔兔給我聞。我在她耳邊努力用力的噓噓噓，希望她可以安靜下來，但又要忍住不要在她面前咳嗽。搞了不知道有多久，感覺像一世紀後，珈珈終於在我懷裡慢慢放鬆，接受睡神來臨。我看她差不多要睡了，將她放進小床，繼續撫摸的她的頭，待她睡著後才回房爬進被窩裡。

在孩子面前應該學習如何去控制自己的情緒，雖然不需要特別隱藏，但是如何表現真的是一門學問。看到她在調皮搗蛋時，褓姆要我們不要因為生氣而大聲罵她，因為會嚇到無知的珈珈，誤以為有什麼應該需要讓她害怕的事，而在不聽話時，又不能抓過來打。加上為人父母的經濟與精神壓力，也不便在孩子面前表現，所以這情緒，真的需要夫妻間互相勉勵跟諒解。雖然在管教珈珈時，心裡很希望馬先生過來把眼前這個「問題」帶走。但是最後，成功把很「歡」的珈珈弄睡著後的那種成就感，真的莫名地覺得自己也跟著成長了。孩子真的是生來挑戰父母的極限，接下來在她成長的每個階段裡，我期許自己能用超EQ的方式面對。

幸福的關鍵密碼

幸福的關鍵，在夫妻之間有無良好的溝通，不在孩子。

幾年前好萊塢的明星掀起了一陣嬰兒潮，很多年輕女性開始改變思想，每個都想要做個靚媽，而baby有如不可或缺的最新時尚配件。連單身女星也紛紛做起人工受孕，找代理孕母，甚至到世界各地領養。而這些搖身一變成為媽媽的女星們，個個名聲提高，成為人氣女星，彷彿生小孩就會成為現代版的麻雀變鳳凰。

對我來說，生完珈珈後，身分地位並沒有提高，也沒有突然變成人氣王。生兒育女，是經過多年的考慮才決定的。尤其生完後，我更能深深體會，女人一旦決定生子後，真的是沒有回頭路。跟男人不同是，我們與生俱來的母性是怎樣都無法抵擋的。然而即使現在的男性許多都是新好爸爸，願意親手幫忙帶小孩，但是一旦面對人生抉擇時，女人往往是犧牲的那一方。沒有經歷過這個心情轉折的人，會簡單歸類成母愛的偉大。但是，在現代社會中，當孩子不再只是單純的傳宗接代、例行公事時，要不要生小孩、能不能扶養起小孩、有沒有時間照顧小孩、甚至生一個兩個三個，這些問題都是要考慮到的。所以小孩真的是幸福的關鍵密碼嗎？我個人認為這是一個迷思。

當珈珈出生的那一刻，馬先生瞬間感到前所未有的幸福與滿足感。尤其醞釀了39週的期待，能真實看到、摸到珈珈，那種情緒的衝擊瞬間爆發，對我來說，生下孩子之後，心情當然是喜悅的，但是我並沒有馬上母性大發，因為緊接下來，要面對的是一輩子的責任。

我本身並不認為小孩會瞬間解決人生裡所有的不快樂。小孩所帶來的，雖然是金錢都買不到的喜悅，但是我深信，如果夫妻之間本身並不快樂，有

小孩了以後，不見得就可以解決夫妻之間的疙瘩。因為在生珈珈以前，我與馬先生相處甚歡，我們倆的生活習慣、作息、甚至飲食習慣，都非常類似，所以在一起這麼多年，並沒有生活上的不適應。但是在珈珈出生後，我們倆反而必須重新學習新手爸媽的夫妻相處之道。因為我的重心已經不在是100%圍繞在馬先生身上，這讓馬先生有點適應不良，因為往往他都是要等珈珈睡著後，我才會由媽媽變回老婆，但是這老婆幾乎是一碰到枕頭，馬上打呼、累到不堪的老婆。之前無子時的美景完全離他遠去。

　　所以在珈珈出生以後，我們倆個人的摩擦反而比以前多，吵的也不是教育小孩的問題。在這方面，我們倆個人的觀念很類似，所以在育兒方面即使有不同的見解，我們還是可以溝通的。但是每每吵架幾乎都是因為兩人都有無形的壓力。有的時候真的是必須發洩，因為自己對事情沒有辦法控制，而感到氣餒。珈珈出生後，她因為左肩骨骨折，所以必須住保溫箱；後來滿月回香港了，我們請到一位不專業的褓姆，為此非常擔心找不到適合人選。還有戰戰兢兢歷經過她在六個月時的第一次生病，對她每一個階段的發展進度、甚至往後她在學校的男女關係、進入社會等等，大大小小的擔心。如果不是精神與感情夠牢固的夫妻，要一起經過這些事，真不容易。不過夫妻之間，至少可以互相分擔，無論是經濟或是精神方面的壓力，但是對單親爸媽來說，這段路更艱難更辛苦。

　　現在社會新聞有時上演夫妻搶兒戰，我想問，最後贏的是什麼？是每個月銀行裡可觀的贍養費，還是是空蕩蕩的豪宅？我要說的是，小孩必然帶來無限的快樂，但是這快樂是需要時間與精力去付出換取而來的，因此不能因為雜誌裡某明星一家表現出快樂的模範家庭樣子，而單純的認為，有了小孩就可以把不快樂的婚姻變成快樂的婚姻。或是期望讓小孩來改變某個人。因為要讓小孩健康的長大，不只是身體上的照顧，也要心靈上的照顧。如果大人以為幸福的關鍵在小孩身上，孩子是無法承受這些的。

　　會有感而發，是因為馬先生一個要好的同事，他的兒子早珈珈兩天出

生，兩夫妻雙方也是我們在許多夫妻黨裡，固定聚會的朋友。由於我們年齡背景相當，而且都有個同年齡的小孩，所以我們合的來。不過有一天，那位同事冷不防的跟馬先生說，他們夫妻決定分居，而小孩週一到五跟媽媽，週末跟爸爸。這讓我跟馬先生很錯愕，因為這之前我們完全看不出他們夫妻有問題。這樣的錯愕，讓我跟馬先生促膝長談了一晚，雙方講出自己內心的壓力，頓時發現，即使都是新手爸媽，夫妻之間對待有孩子這一事，真的觀感角度很不同。

對做媽媽的婦女來說，我跟那位夫妻的太太一樣，有小孩後，重心不知不覺會放在小朋友身上。所有時間的計畫都以他們為主，再來則是工作，因為我們都剛好有個繁忙又必須出差的工作。加上我們產後的賀爾蒙影響，情緒起伏大，導致通常都待我們忙完所有事後，才想到先生。所以對先生來說，有如打入冷宮般的挫折。因為以前會噓寒問暖，會三不五時發個愛的簡訊，而這時如果先生不諒解，就會導致吵架，因為先生們都忘了，太太們連自己都管不到了。這時最希望的是，原本像長不大的孩子一樣的先生，快速長大。這一來一往的矛盾，也就是新生爸媽需要學習適應的課題。

後來我跟馬先生的解決方案，是先不給對方壓力，然後週末時在一方受不了要發瘋時，把珈珈帶離現場，讓對方有個安靜的空間可以沉澱。我相信世上沒有一個爸媽是不希望小孩快樂的成長，而這個快樂的環境，也是需要爸媽共同營造的。所以爸媽之間的精神情緒也很重要，所以對我來說，孩子雖然不能當成是幸福的關鍵密碼，但是夫妻之間良好的溝通與諒解，絕對是一個家的幸福關鍵密碼。

我的小孩，我的方法

●‧●‧‧●‧●‧‧●‧●‧‧‧●‧‧‧‧●‧‧●‧●‧‧●‧●‧‧‧●‧‧‧●‧‧‧‧●‧

　　自懷孕開始，我最常遇到問題，是同事們七嘴八舌挑剔我懷孕時的飲食，以及生完小孩後我帶孩子的態度。不知道為什麼，人們覺得給孕婦或者新手媽媽未經請求的批評與指教，好像是件全民公事。但是她們卻不知道已經嚴重的侵犯個人隱私。

為何說是個人隱私呢？

　　就拿我自己來說吧，從小家裡因為長輩的教育受日本文化和飲食所影響，因此在懷孕飲食以及月子的忌諱上，並沒有太過計較。反而是這些外表看似西化的香港同事們看不慣，在她們眼裡我是個徹底失敗的孕婦，以及不負責任的媽媽。

　　因為懷孕時，我不僅吃冰，而且我也不吃他們所謂的補品煲湯。雖然懷孕時我並沒有穿高跟鞋，但是我的衣著也備受討論。因為她們嫌我的衣著過於貼身，還有我的首飾過於誇張，甚至連項鍊在走路時有聲音，她們都說會吵到肚子裡的寶寶。

　　當然還有我誇張的動作，她們也說會生出過動兒，以及我大著肚子到處旅行，不用想就知道備受爭議。生小孩後，因為我沒有使用無痛分娩，也被她們嘲笑說我笨。

　　連幫珈珈怎麼打扮也有話說，甚至在她五六個月就開始帶她出國到處跑，也被說是個沒有責任的媽媽，帶小孩到處接觸細菌。

　　一次我們在米蘭過夜時，住的飯店裡的浴缸太高，洗手台又太淺，馬先生又和朋友們出去小飲一杯，沒有人可以幫忙，最終我索性將珈珈放進歐洲最常見的坐浴盆幫她洗澡。放下去後還剛剛好，連婆婆都稱讚我的創意，沒

想到這些對細菌過於敏感的同事們有的覺得我很髒，有的覺得我誇張不適合做媽媽。

這些不是侵犯到隱私不然是什麼？所幸親友中，有人理解我，並不會干涉我的做法，當我有疑問時，隨時打電話給他們，大家都會樂於給我建議，讓我試試。我跟馬先生都是第一次做父母，但是不僅我們倆，甚至連我們父母們，也都在學習做爺爺奶奶外公外婆。

有一次婆婆對我讓珈珈在睡覺時，除了睡衣和薄棉被以外，還讓她穿睡袋很有意見。當時馬先生就和婆婆說，這是珈珈媽媽為了不讓珈珈踢被感冒，所做的決定。請你只要做好做奶奶的職責，其他請尊重珈珈媽媽的做法。由於婆婆開明，所以她並沒有為此生氣。由於我們都是出自於愛珈珈的心，所以婆婆自此就再也沒有過於干涉我們的做法。有的時候還是會忍不住，但是這時公公跟小叔就會說，讓珈珈的媽媽決定。當然很重要的一點是，我們都會向長輩解釋背後的原因，不會一味要求長輩們遵守我們的方式。畢竟他們當年也是把我們帶大的。

所以我跟馬先生帶小孩的方式又是如何呢？很幸運的因為我們的成長背景以及經歷，讓我們可以吸收到各文化孕育下一代的教育方式，來教育我們的孩子。不過目前對打不打小孩，我們還沒有做出最終決定，因為我們相信只要不是過當的體罰，讓小孩罰罰站也不為過。當然，這也是要看每個小孩的個性，再來衡量。

以下是我們在家帶珈珈的方式與觀念。其實沒有所謂的正確觀念，有些人相信不打小孩的教育，有些人相信小孩需要嚴厲管教。每個人因為成長背景與經歷不同，所以有不同的想法。

只要在對小孩沒有身心危害的情況下，不管是怎麼樣，那都是父母們的選擇，因為每個父母的出發點都是為了孩子好。當然拉拔每個孩子長大，中間不少經驗像是做實驗一樣，同一種方法用在A孩子上很有用，但是B孩子上完全沒用，像人氣部落客——紐約瘋媽就曾寫下「父母的有效期限」。

看完後真的很有感觸，很認同她的想法，而且很慶幸的是，我在珈珈還小時就看到這篇文章，所以我跟馬先生可是認真的思考，我們要如何灌溉珈珈這粒待發芽的種子。

食

生珈珈以前，我們本身就喜歡在家開伙，所以很自然的選擇天然有機，非基因改造的食材，來烹調珈珈的嬰兒副食品，再搭配現成一些慎選過的餅乾，做為讓她在外面即將哭鬧時轉移注意用之外，我們只有讓她由我們自製的水果泥攝取到糖分，不讓她喝市賣的果汁飲品。我們選擇這麼麻煩的做法，是因為現在市面上的產品發生太多黑心事件。我們擔心為了方便，而賭上孩子的健康。為了減低加工食品的攝取，只好不辭辛勞繼續在家自己做。當然待珈珈長大，速食店等不健康食品我們也不會特別強制避免，與其禁止她吃，不如教她為什麼這些是不健康的食品。

住

曾經看過一篇文章說，歐洲人並不會特別把家裡所有有稜有角的地方完全包起來，因為他們覺得只有小孩的房間是小孩的空間，其他的空間是屬於全家人的，因此小孩們必須學習尊重大家的空間。我覺得這很有道理。

如果一個家一進門看到所有玩具攤滿地，這樣一個家不就變成玩具國了嗎？不過由於我們香港住的地方小，有些兒童用品像是螃蟹車跟躺椅，這種常用，卻沒辦法收起來的用具藏不了。所以在我們家的規定，就是有固定的地方放置。而珈珈的用具和玩具也有一個專有的籃子收納。

雖然家裡還是有些地方要注意，譬如說書櫃電視櫃這種大型家具有固定之外，（在台灣常地震帶上，這方法也可以減低櫃子在強震中倒下的危險），花瓶、電線等小東西，都還是需要重新安置以外。我們家客廳的落地窗因為通往陽台門邊，所以有落差。而且我們住在25樓，所以為了安全，我

們還是有裝置閘門。

　　但是大體上，我們沒有緊張地要把所有家具包起來。有些人會買個遊戲床將小孩放進去玩，不過個人認為家是小孩的堡壘，他們需要去探索家裡各個角落，而且我也不希望小孩在小框框裡面長大。還有，我們不與珈珈同床同房。在月子中心她都是睡她自己的小床，回家後也是繼續如此。有幾次因為餵奶偷懶，有偷抱過來大床上，不過珈珈自五週開始，她就睡在自己的房間。即使生病了，顧她的我很累，我也不抱進房裡跟我們睡。當然我們房間的床小，是最直接的原因。但是最重要的是，我們不要她發現跟爸媽睡是一件美好的事，而變成改不掉的習慣，永遠賴著不走。

行

　　在我坐滿月子後，我就沒有避諱帶珈珈出門，即使冬天我也照樣把珈珈包好一層又一層的衣服，帶出門去散步。有些人會覺得，新生兒不適合外出，但是我覺得再怎麼樣，總有一天會生病，還不如趁母乳免疫退掉以前，快點去外面接觸，不要過於保護，因為病菌是避免不了的。

　　除了大人的衛生習慣要好以外，小孩自己的免疫力也是需要加強的。所以如果一直關在家裡，沒有接觸外面的空氣跟環境，我們擔心她會適應不良。不過在外出時，我們包包裡必定都會準備消毒用，但無酒精的洗手水、濕紙巾，和禦寒外套。

　　而回家不僅先洗手，也會用洗鼻器噴鼻子。

育

　　有些人說不能看電視，但是目前為止，沒有人能跟我解釋，到底是為什麼不能看電視。有些媽媽是連寶寶望一眼都不行。我們是在珈珈眼睛快速發育的頭兩個月裡，盡量不讓電視的顏色，以免太刺激她的眼睛。但是之後，就沒有特別禁止她看電視。五六個月，發現她愛上天線寶寶以後，每天會

讓她看天線寶寶，不過不是一整天，而是每天有設限的收看。畢竟看太多電視，對人體眼睛就不好。

除此之外，在香港現在的風氣是，送寶寶去上腦部潛能班，也就是才幾個月大的寶寶，就必須上語言音樂藝術課程，有的還推出媽媽寶寶瑜珈課。對我跟馬先生來說，這些都是浪費錢。以語言為例，我們家裡爸爸對珈珈只講義大利文，我講國語，而裸姆則是講英文，同時我們也有各國語言的書籍以及音樂。然而其他有的沒有的運動課程，其實在家自己都可以跟寶寶做肢體互動。

不管家裡有沒有多國語言，只要父母每天花點時間陪小孩說故事、玩遊戲，這樣的刺激對孩子來說，就是激發他們的腦部發展。很多事情能讓珈珈自己做，我們就讓她自己來。譬如，我們從她一出生就教她用手握住奶瓶，所以自五個月開始，只要她心情好，她是可以自己拿著奶瓶喝奶。還有，只要帶她出去買東西，只要是買她的東西，我們都會拿到她面前問她要哪一個。譬如幫她買玩具書的時候，我們會拿兩本在她面前問她要哪一個，而她就會去伸手抓其中一個。

我們就買她去抓的那一個，但是也是有兩個都不要的時候。這時我們就都不買。其實這麼大的小孩懂得比我們想像的來得多，到現在我跟馬先生時常要提醒自己，其實珈珈只是還不會說話，但是她都懂。

樂

除了不避諱帶珈珈出國，我們也常常跟她玩大笑、狂笑、小笑的遊戲，因為我們相信寶寶的情感表達，是受大人的影響。雖然也是有過在珈珈面前爭吵的情況，但是我們也是在努力學習控制自己，因為大人的爭吵會讓小孩害怕不安，而這害怕不安會影響到小孩的身心發育，所以在小孩面前愉悅的大笑，遠比大聲爭吵來的有教育性。但是爸媽畢竟還是人，所以有情緒是難免的。

　　如果真的忍不住，在事後跟小孩解釋，為什麼爭吵，多少是可以把負面影響變成機會教育，畢竟爭吵是人們溝通的一部分，總不能只讓小孩看到美麗的一面。還有，因為珈珈目前是獨生子女，所以我們也開始找機會讓她學習與其他小朋友相處，因為我們發現沒有跟其他小朋友相處以前，她不懂得玩玩具，而一次朋友家看到其他比自己大的小朋友互相玩玩具，回來後她開始可以獨自坐在地上玩玩具，而不是一昧地將玩具放進嘴裡吃。她會對有聲音的玩具搖一搖、敲一敲、看一看，不過由於她是獨生子女，所以與其他小朋友相處、一起學習與分享，是我跟馬先生很重視的，因為我們不希望她以為所有她看到的玩具都屬於她的。同樣的，我們不會把親友們送的玩具馬上拿給她玩，我們會先收起來，慢慢的拿出來，有時會把舊的藏起來，等過一陣再拿出來。

　　其實這樣小的小孩，真的不需要太多玩具，少一點玩具，多一點創意，比丟給他們ipad讓他們自己玩，對他們來説會有更特別的童年回憶。

比較

●‧

　　以前在讀書時，最怕聽到其他女同學在教室高談闊論的說，她們放假時全家去了哪裡渡假，然後旁邊的人，每個就好像必須說出更厲害的holiday，來一比高下。出來工作時，最怕午休聽到女同事大談男朋友多有錢又多體貼，然後其他有男朋友的，就回去罵自己男朋友怎麼這麼沒出息，比不上誰誰誰的男友來的好。當然懷孕時，最怕聽到其他孕婦抱怨，自己胖了幾公斤然後又比較誰的孕程比較辛苦。不懂人為什麼就是這麼愛比較。

　　現在有小孩後，我最怕的就是與其他爸媽提到自己的小孩，有些人一見面第一句說的不是「好久不見，一切都好嗎？」而劈頭就是，「我小孩考試第一名」、「我小孩怎樣怎樣的」。這時讓我這個靠嘴工作的公關，都不知道該怎麼接話。接下來的十分鐘，談話內容還是環繞在他小孩怎樣怎樣的，好像報告小孩的成長，取代了問候朋友的基本禮儀。我就有遇上懷孕時，肚子已經很明顯，而且又不是穿帳棚式的孕婦裝，但是在吃完一頓飯後，朋友因為不停地提到自己的孩子有多麼厲害，而完全沒有注意到我懷孕了，我也懶得自己說。這樣算誇張嗎？不盡然，因為這樣的爸媽太多了，所以當時我就立志自己不要變成那樣的媽媽，除了很熱絡的跟自己家人報告珈珈成長的細節以外，除非對方有問起，然後禮貌的說一點，要不然自己不會主動提起珈珈。

　　珈珈出生後，我終於明白，這真的是說得比做得容易。因為會想大聲跟全世界宣佈自己做媽媽的喜悅。真的很想讓所有的人知道，你看我女兒多棒啊！不過在自己飄飄然飛上天幾分鐘後，還是得自己硬把自己拉回地面，因為真心在乎、想知道我女兒的一切，而且永遠聽不膩的，老實說，只有自己家人。即使再好的朋友，我想應該也很少有願意一整頓晚餐，都在聽你講自

己家小孩的事吧！不過因為自己曾立下這樣的志願，最後的下場，就是同事與朋友說，我生小孩這件事好像完全都沒有發生過一樣。這聽在耳裡，還一度不知道是稱讚還是吐槽。就當稱讚好了，至少我不會給他們壓力，逼他們聽我講珈珈的無聊事。

也許因為如此，珈珈出生到現在，我跟馬先生都沒有參加任何playgroup。簡單的來說，就是因為並不想與其他小朋友比較，不過在不知所措時，不免有時候會覺得很孤單，因為做父母的這條路上，真的是很辛苦，需要其他新手父母們的鼓舞。但是一想到這些新手爸媽每個拼命的比較誰的小孩漂亮、聰明、懂事、乖巧、調皮搗蛋，一想到又覺得備感壓力。

為什麼人就是這麼愛比較呢？前陣子有幸讀到一本陳之華寫的：「每個小孩都是第一名—芬蘭教育給台灣父母的46堂必修課」。看完後覺得，要做到不比較不排名次，需要整個社會風氣與教育者共同改變，因為人畢竟是個團體生存的動物。這個社會如果每個人都要當領導者，那又有誰來當執行者呢？難道一個社會，就真的要分成好幾個階級，而上流社會的人就如此尊貴嗎？這些上流社會的人如果少了他們的管家，少了司機，那麼他們的生活還會如此的高尚嗎？望子成龍，望女成鳳，這是眾天下父母對子女的期許，但是鞭策自己的小孩，專注在考試讀書上比別人強，這樣出社會後的小孩多數成為生活白痴。難道沒有人真的認真思考，是不是我們的觀念出了問題？社會不斷的演變、科技不斷的更新，然而我們的教育為什麼永遠跟不上腳步？

看著珈珈從襁褓中的小寶寶慢慢的學習成長，我們發現她有她自己的時間表，即使才幾個月大，當她不想喝奶時，她會用力的拍掉奶瓶，這時再逼餵給她。即使喝下去了，不久後她又會吐出來。所以在三個月後，我與馬先生拋棄了每天要餵的奶量目標，只要她每個月的體重與身高都有在成長，她今天想喝多少奶、她自己自然會讓我們知道。之後在醫生允許下，我們在她滿四個月時，開始讓她食用米糊，慢慢的加入新的蔬菜。而這麼小的寶寶，就能分辨出自己的喜好，現在幾乎給她吃什麼都愛，除了番茄以外，她都可

以吃得津津有味。

　　在其他的身體發育上，我們發現她完全按自己的方式在成長，書裡所謂的七坐八爬，真的只能參考用。因為在滿六個月的某一天，當她自己發現，可以穩穩的坐著，有不同的視野後，開始又用自己的身體去探險下一步，但是她卻是等到十一個月才會爬。小朋友真的沒有我們想像的無知，他們只是像外星球來的人，還不懂得用我們地球人的方式與我們溝通。但是他們其實都看在眼裡、聽在耳裡，記在心裡。所以與其拿隔壁鄰居家的小孩來跟自己的小孩來比較，然後再來唸自己的小孩沒人家有出息，不如換個方式，讓自己的寶貝們去尋找屬於自己的人生。

　　「比較」也許會讓自己更努力更上進，但是不要讓良性的競爭，成為小孩成長的壓力，因為考試第一名並不代表什麼。即使最後一名，也不代表人生從此無望，我在台灣念書時，被貼上沒有未來的標籤，但是幸運的，紐西蘭教育開發我的潛力，讓我找回自己的自信，做父母拿自己的小孩去跟別人家的小孩比較，其實並不會讓自己更快樂，反而只會讓自己更難去真心的享受陪同小孩成長的過程。不要讓自己的生活完全環繞在小孩身邊，做爸媽後的我們，同樣可以和朋友聊非關小孩的事。下次就不要逼迫非家屬的人，聽你大讚自己小孩了。

愛的教育

●‧●‧●‧‧●‧‧●‧‧‧●‧‧●‧‧●‧●‧●‧

　　我們小時候長大的那個年代，沒有一個小孩沒有被打過，從在家被爸媽拿著皮帶衣架追著打，到學校考試時被老師用藤條一分一分打。「打」跟我們的童年完全分不開，不過慢慢地，在90年代因為提倡愛的教育，所以這年代裡長大的小孩，有了沒有藤條的童年。但是到底真的是不打不成材，還是用愛的力量比較正確？

　　前陣子電視談話節目在探討，過度的愛對孩子反而是不好的。這讓我想到當年提倡所謂的愛的教育。印象中並沒有人來教這群被打長大的父母們，要用什麼非打的方式愛小孩。我們台灣人長久以來因為經過歷史的演變，因此我們的人民普遍都比較保守而嚴謹，這樣的民族性要如何的愛小孩？西方人把「我愛你」每天放嘴邊，沒事就愛的抱抱，即使國外住久算洋化的中國人，跟自己子女做起來還是那麼地彆扭。對我來說，愛就是讓孩子衣食不缺、有書可念、有家可回。可是親子之間的互動往往都是被忽略的，有些見到爸爸下班回家，就是皮要繃緊點，跟爸爸說話要戰戰兢兢。愛的教育在我們家中西文化的衝擊之下，更顯清楚。但是中間經過討論，我們最終是折衷中與西的文化教育珈珈。

食

　　自珈珈開始吃副食品後，我們就在固定的時間表裡加入正餐與點心，同時待她滿七個多月以後，我們便讓她在我們用餐時，坐在兒童高腳椅上，坐著陪我們吃。當然到目前為止的下場，是我和馬先生要輪流吃，其中一人要照顧她。因為珈珈還不能夠坐著吃完全程一餐，所以到最後我們其中一人，必須帶她在餐廳裡走走，然後在九個月後，當她吃飯時，我們會給他一根軟

細膠湯匙，讓她習慣手裡拿著，但是她還尚未理解這手中的湯匙可以幫忙將食物送進嘴裡。

當她鬧脾氣將食物推掉時，我們便再試一次餵她，但是如果還是一樣的話，那麼我們就會收拾，不讓她繼續吃，如果餓的話，我們也不會提前餵食，因為要讓她知道，肚子餓時，就只有這個時候可以吃，不吃的話自己負責，千萬別小看小朋友，幾次後她就知道了。

這樣的方式在台灣人眼裡好像很殘忍，因為很多大人會先把孩子餵飽以後，大人再吃，或者追著孩子直到餵完為止。因為大家可能會說，哪有小孩子知道自己吃飽了沒？在這我可以很肯定的說，這招在我們家很有用，珈珈知道什麼時候吃飯，即使不知道，她生理時鐘也會告訴她。當然也曾發生過，時間到她怎樣都不吃，連哄帶騙，一口都不要。後來我就跟她說，不吃可以啊，但是今晚不准看她最愛的卡通。說了以後，她邊哭邊看褓姆，照樣不買帳，還是拒吃。結果哭了二十分鐘後，她自己也認命，自己選擇不吃，所以沒有卡通，因為她指著電視跟褓姆說，卡通，沒有，然後跑去玩其他的玩具。

衣

不知道什麼時候，我們意外的發現，珈珈會自己選自己喜歡的。所以只要有機會，譬如早上要換衣服時，我們會拿兩件讓她選，讓她選擇自己穿的衣服，當然我們只限於二選一，因為這麼小的小朋友，讓他們有過多的選擇，會超出他們能做決定的範圍。而二選一的遊戲，讓她學到因果。

這在台灣應該會有老人家說，給孩子穿好的衣服太浪費，小孩就是要穿大兩號的size，這樣才穿得久，還有顏色不要太淡，不然容易髒，壞了浪費。但是我們不忌諱讓她穿淡色系的衣服，因為我們覺得，小孩的衣服就是會髒、就是會破、就是會穿幾次穿不下。我們比較希望她可以從小學會審美觀，並且留下美美的照片。

住

　　我們是等到珈珈十個月，會爬了以後才baby proof我們的居住環境。當然危險物品不管何時早就已經移位收起：會晃動的桌子、椅子這些，也是要固定好，廁所廚房的門也是必須隨手關起，但是除此之外，我們希望讓她發掘家裡各角落，當然當她接觸危險時，我們也必須不厭其煩，一而再再而三地跟他說：「NO。」然後轉移注意力。但不知道為什麼，當她聽到我說「珈珈，NO，不可以」時，她會轉頭用小指頭指我，專注地看我，抿抿嘴後，又再回頭幹她的壞事。這時我必須要忍住不能笑，反反覆覆幾次，她才知道被罵。有時她也會非常的堅持，要回去摸，直到我將她抱起離開現場。這時她才會小哭幾聲抗議，但是我並不會理她，就拿其他她可以玩的玩具來跟她玩，完全不將她的哭放在眼裡。目前為止這招還有效，並且慢慢地，她知道什麼東西是她不可以摸的，有幾次忘了，還是會被唸。

　　在香港，很多爸媽的做法是買遊戲床，讓小孩在裡面玩耍。但是對我們來說，孩子應該從小要學習尊重大人的空間，我們小時候不也是這樣長大的？適時地讓孩子知道，玩具不該亂丟、電器不該亂碰、沙發不該爬上爬下，其實都是一種機會教育。因為小孩不可能永遠都不出門。出門了，她還是得學會，在家不可以的，出外也是不可以。

行

　　自從珈珈學會慢慢步行以後，她就不愛坐娃娃車。但是為了我們大人的腰椎，除了購買有護腰的背帶以外，就是堅持外出有必要，還是得坐娃娃車，不准大人抱。會走了以後，就鼓勵她走短距離，也是不准。當要把珈珈放進娃娃車時，我會請馬先生幫我將娃娃車固定住，然後把安全帶打開就位。這時我先跟珈珈說，我們要走了，所以你得坐娃娃車後，馬上將她放進去，一隻手壓住她，不讓她將身體頂起來不坐，另一手跟她老爸迅速把安全帶扣上。通常在最後一個安全帶扣上後，她也就認命地停止哭鬧，後來跟她

說要出去必須坐娃娃車以後，這樣的戲碼就很少上演了。

我們常在外面看到可憐的爸媽推著空蕩蕩的娃娃車，手抱著已經很大的小孩逛街。這點我們很堅決不准這樣的事發生，因為累得可是我跟馬先生。珈珈是個大隻佬，我真的因為抱她腰椎受傷，所以我們通常外出前會考慮一下目的地，譬如說，去動物園當然得帶娃娃車，並且珈珈會走以後，常常鼓勵珈珈下來走，即使慢也會陪她慢慢走，走累了就上娃娃車。但如果只是去家附近的餐廳吃飯，我們不帶娃娃車，但會帶著背帶。珈珈因為背帶，備受控制感，也沒有其他選擇，當然也不可能沒抱過。但是通常都是短暫的30分鐘以內的活動，或者是她走太慢公車趕不上時才會抱。

育

當珈珈還是嬰兒的時候，我們對她的愛就是透過肌膚的碰觸，譬如將她抱起，讓她靠在我們肩上，讓她感受到我們的心跳。但是當他哭泣時，我們不會馬上將她抱起，而是先檢查她是不是哪裡不舒服，需要我們的協助。由此讓她知道，我們都在她身邊，她可以安心的長大，不需要藉由哭鬧來吸引大人的注意。這點爸媽甚至爺爺奶奶很難做到，因為不太可能放任小孩哭。當然我們並不是棄置不管，而是先判斷她哭的力度跟原因，如果是有所需求，寶寶的哭聲會很用力很大聲，如果是在「歡」的時候，通常哭的會很不規律，力度也不大。

當珈珈在一歲開始，會扶著傢俱遊走後，我們家裡有稜有角的傢俱邊緣，就多增了一些防撞棉。此外，並沒有太限制她自我挑戰，也因為這樣，當她會不小心跌撞了的時候，雖然心裡會揪一下，但是我們都忍住在旁邊看著，而不馬上去「秀秀」。如果她自己唉幾聲沒事後，我們就不當一回事。但是當她要站起來時，因為肢體還不是很俐落，而跌坐在地上而哭的話，我們會跟她說：「因為你沒有站好，所以跌下來，來我們再試一次。」所以她跌倒，我們並不會太大驚小怪。我們要讓她知道，爸爸媽媽不會永遠在旁邊

扶你起來，跌倒了自己爬起來就好了，當然我們都會在她旁邊看著，有受傷的話當然還是會處理，也許因為這樣，珈珈在一歲四個月時，就很會走，並且走得也很穩。當有階梯時，她會先停下來，看看旁邊有沒有可以扶的東西，沒有的話，她會請求大人幫忙。如果沒有東西可以扶，但是階梯沒有很高的話，她會慢慢自己嘗試，我們都是在她身邊看著，心裡雖然很緊張，但是也是要忍住讓她自己去學習。

剛開始要做到這點真的很難，一次馬先生在珈珈摔倒後拍地板說：「壞地板壞地板。」我就跟馬先生說，這樣的做法，會讓珈珈誤以為她會摔倒，是因為地板，而長大當事情不如意時，便會怪罪他人，所以當她摔倒而打東西、怪罪東西的行為，在我們家是不被允許的。

樂

在珈珈六個月開始慢慢懂事後，我們開始減少對她無謂的讚美，意思就是，當她聽的懂指令，像拍拍手之類發展中的小動作，與其說：「好棒，好棒，你好聰明。」我們會換個方式說：「做的很好，Good Job！」來鼓勵她，因為不想讓她誤以為拍個手，或者做個小動作，就是一件天大的喜事，好像自己很厲害，我們希望讓她知道，凡事只要自己努力去做，就值得鼓勵。

不過當她出現異想天開的行為時，譬如在她會爬了以後，她爬到我們家落地窗邊，看外面。有時爬太快，不小心撞上落地窗，她不但沒有大哭，而是開始舔玻璃。這時我們並沒有馬上阻止，因為這時的她，是透過舌頭的觸感來感受事物。雖然看到一個胖baby跪在窗邊舔窗戶真的是很好笑，但是她也是自得其樂。有時他們會出現我們大人世界的奇異行為，但是只要無傷大雅，其實也沒有必要特別對她們咆哮制止，因為這都是他們成長探險的階段。

其實對我們來說，愛的教育就是陪著珈珈一起長大。當然做為新手爸

媽，我們不敢奢求給她最好的，也不求做世界一等一的超級爸媽，也許當她青春期時，會痛恨我們不給她買最新款的手機，會對我們摔門進房，甚至進去前可能還會說，「媽，我恨你」。但是我們希望她知道，我們不是聖人，也沒有萬能的金錢能力。學習如何踏實的生活、什麼階段做什麼事，就是我們給她最好的愛的教育。

關於教育有感而發

在香港這個「菁英」制的城市裡，滿街都是領有高薪高福利高學歷的上班族，中午到中環隨便走一下聽到的外語比廣東話來的多，因此從小香港人的教育，就是與別人競爭甚至從幼稚園開始就要比別人更厲害，滿街都是針對牙牙學語的寶寶班，什麼零歲幼兒的語言班音樂班畫畫班有的沒的班，誇張的是在珈珈滿四個月時，我們就必須幫她準備報名三歲才入學的幼稚園，雖然我跟她爸爸並不想掉進這樣的思想裡，但是有太多過來人提醒我們，當初他們也不贊同這樣的教育制度，最後小孩差點唸不到學校，因此在與馬先生討論的結論是把珈珈送到國際學校。因為畢竟我們不是當地人，在香港並不會待一輩子，所以為了她以後無論到哪都可以銜接的上，我們最終考慮送收費較昂貴的國際學校，但是香港的國際學校又分為英系制度，美系制度以及其他如同日本，法國韓國等非英語系國家的教育制度，要讓她上什麼樣的教育系統我們真的是傷腦經！

我幼稚園唸的是美系的幼稚園在學校老師只講英文，而大部分的同學都是準備進美國學校的學生，所以當我剛進社區裡的小一時，我媽才發現全班只有我不認識ㄅㄆㄇ，因為我只有學ＡＢＣ，當時的老師有點不可置信，而我媽也不可置信，因為她以為上小學才開始學，沒想到大家在幼稚園時就學了，但是在國小遇到的老師教育方針都算西化，所以在國小六年裡，從未感受到因為成績不好差人一截。

直到上了國中遇到超傳統導師，她喜歡將學生以成績家世背景分類，也不段地讓成績家世不如人的學生難堪，常常對我們吊車尾的學生言語霸凌，我對學科真的沒有天份也沒有興趣，所以導師不斷的告訴我，甚至對我媽說，我沒有未來，因為以我的成績我考不上高中，連當時我的美術老師有意

讓我甄試上美術專科學校，我的導師要求我的美術老師換人甄選，因為她覺得我的成績差，出去甄選丟她面子。這些我從不敢和家裡說，最後還好父母已經偷偷計畫多時送我出國唸書，要不然我有可能始終被貼上沒用的標籤，而我不知道現在有多少成年人也因為這樣的考試教育而喪失了創造不同人生的機會。

現在面對自己小孩的教育時，我想給珈珈的，不是最好的完美人生，而是一個簡單樸實的人生，換句話說我不想什麼都給她最好的，因為真實社會裡沒有一定的最好與最壞。在我的工作環境裡，我看過太多優秀的菁英卻是生活白痴。我自己在18歲的時候我爸媽要我自己搬出來一個人住，一個人雖然多了許多自由，但是沒有人幫我煮飯洗衣，甚至車子壞了自己要想辦法找人修，每個月我父母只會匯一筆生活費來，到月底沒錢時自己想辦法，因為這樣我學會安排自己的支出，學會了照顧自己，之後去歐洲，也許是因為匯率問題大家去歐洲後幾乎都變成窮學生，因為這樣我又學會了節儉以最少的開銷來過活。來香港後，在同一個辦公室裡有所謂的海歸派菁英同事，他們一生搭乘大眾交通工具少到可以算的出來，也有一生出國沒幾次每天搭一小時擠在像沙丁魚般的大眾交通工具來上班的同事，這些所謂的菁英與非菁英，他們雖是同事但是從未交流過，對我來說真的很不可至信，難道每個人都要被貼上標籤嗎？

我和馬先生在珈珈出生以前有認真的坐下來討論過，因為我們都是小孩的父母，所以我們倆在教育小孩上一定要達成共識，一定要站在同一線上，這樣我們才能齊心教育與管教我們的小孩，而我記得當時我們異口同聲地說，成績不重要，重要的是學習過程，她是否有吸收到知識，她是否有處理與人相處上的EQ，她是否能承受壓力與挫折，當然做為父母的我們也必須在對的時候做機會教育，現在我雖然沒有太多的實戰經驗可以分享，但是我能說的是，我們看待珈珈，不是用嬰兒的方式看待她，而是把她當成一個有思想的個體來對待，不要把嬰兒當成娃娃，跟他們用娃娃音來說話來哄騙，雖

然他們還不會用我們聽的懂得語言表達，但是我相信他們是懂的，因為他們可以藉由大人的聲調，表情跟環境的氣氛來分辨，雖然當我對珈珈在哭鬧時一直跟她重複「冷靜，冷靜，不要用哭鬧的方式跟我說怎麼了」當然我是不知道她是有懂還是沒懂，但是我覺得當面對小孩哭鬧時跟他們生氣是沒有用的，那只會讓他們因為惹爸媽生氣更害怕而更控制不了自己哭鬧的情緒。

愛的教育是從一個充滿平和氣息的家庭開始，有快樂的爸媽自然有快樂的小孩，不管下一代是不是國家未來的主人翁，但是他們是蓄勢待發，準備開花的花兒們，有人會說，現代人都是雙薪家庭，爸媽忙工作累都累死了，還有閒情逸致來搞這個，但是就像日本有名的腦學教育家——久保田阿嬤說的，即使爸媽倆都忙於工作，讓小孩看到為了這個家而努力辛勞的爸媽也是一種機會教育。

雖然我不斷提醒自己不要有望女成鳳的心態，但是對珈珈的語言教育我很堅持，因為那不是單單在未來上的優勢，對我來說是作為一個人對自己的「根」有所謂的基本認知，她做為混血兒，我要她不僅僅知道她爸媽來自何方，我要她能夠透過語言了解，她身上帶有的不同文化，因為語言就是了解一個文化最好的工具，至於她最後會用這些語言做什麼行業，我相信只要她有心對她所選擇的行業有熱情，過著她想要的人生，對我來說就足夠了。

女人，瞻前顧後，左右為難

● · ● · ● · ● · ● · ● · ● · ● · ● · ● · ● · ● · ● · ● · ● · ●

　　女人一旦決定生子，從那一刻起她的人生就必須面對許許多多的抉擇。

　　這個問題自八零年代女權主義興起開始，就是一個爭論點。我本身因為受到紐西蘭的教育影響，所以一直以來都深信，現代女性絕對不比男性差，只要肯努力的女人，她的智慧與貢獻，是可以被社會以及職場同儕肯定的。但是在離開紐西蘭後，到了義大利才發現，義大利的女人再怎麼努力，都還是很難爬到高級主管的層次。打開電視，普遍的將女人物化。更別提及至今我們的鄰近國家日本與韓國：普遍女性結婚後，就是直接進入家庭。到了香港，發現坐在高層，已婚有小孩的女性主管，幾乎都要比別人花更多的精力來證明自己的能力。男人呢？男人則是在有小孩以後更備受肯定，因為「父親」這個角色而自動進階，成為有穩重負責形象的父親階級。

辭職V.S工作

　　其實不管是選擇做家庭主婦的媽媽，還是繼續工作的媽媽們，我覺得都是需要家人與社會的鼓勵，因為這些媽媽們都是認真付出她們全部的婦女，不是所有家庭主婦就是英英美黛子，也不是所有的職業婦女們都是不顧孩子的。

　　曾經有一個懷孕的朋友，她在知道懷孕以後，就毫不考慮的辭職，那時她對我說「既然決定要有小孩，就要在家好好的全心全意的撫養他」。我個人認為，每個人家庭情況不同，無論最終媽媽們對她們的人生做出什麼選擇，外人不應該自以為是的批評。家庭主婦與職業婦女也許看似是對立的角度，但是相互之間反而應該要更為體諒，我那時回問我朋友「難道工作的媽媽沒有一個人有意要全心全意的撫養自己的小孩嗎？難道只有家庭主婦才是

母愛唯一的認證嗎？」

　　我個人最後選擇工作。懷孕時覺得這是一個很簡單的決定，因為我還年輕，工作沒幾年好不容易開始進入狀況，所以想繼續打拼幾年，而馬先生與家人們也都支持。但是孩子生下來以後，內心就開始搖擺。

　　因為我想要陪在孩子身邊我想看著她每一個階段的成長，雖然我知道她是不會記得媽媽在她還小的時候在不在她身邊，但是要正式回到工作前，心理還是不免經過一段內心交戰，最終回來工作以後才發現，在家的我雖然有照顧小孩的成就，但是那並不能給予我精神上的滿足感。因為我沒有感受到外來的刺激，所以也可以說，在這個階段，家庭主婦不適合我。因為心裡還是想工作，還尚未準備好轉行，既然決定回來工作，產假放多久是所有在職女性最頭痛的問題。

　　在義大利政府補助的基本產假，是20週到24週不等的有薪假；台灣產假則是8週，不過現在也在推行有薪的育兒假，而且是夫妻雙方都可以輪流申請的。不過我相信，當初定產假8週這標準的人應該沒生過小孩，因為8週後，不管是自然產或者是剖腹，產婦的身體並未恢復到原本的體力。

　　8週還是需要休息調養，更別說家裡多一個8週大的新生兒，根本忙不過來，現代人有太多沒有與家人同住，甚至住在不同城市裡，8週的適應與休息，真的夠嗎？

　　但是話說回來，如果放六個月後再回去職場，工作能銜接的上嗎？會不會回去後已經有人卡位了？這真的是一個左右為難的決定。

　　香港有10週的有薪產假，我自己因為決定回台灣生產，所以必須在懷孕34週左右回去待產，因此我自己又跟公司多請了一個月的無薪假。但是放產假前還是有發生過幾次重要事宜並未通知我的情況，當時我感到不是很舒服，為此有和老闆提出。但是老闆簡單的說，可能是寄件者不小心忘記把信寄給我，還以過來人的經驗跟我說，懷孕的人通常會很不安，所以老闆要我別想太多。

　　但是真的是我們孕婦想太多了嗎？做為中間主管，一封郵件交代重要事宜，上面的老闆與下面的助理都有在收件欄裡，就只有我沒有。

　　後來聽了家人的意見，在產假期間我還是要求繼續收信follow公司事宜，也許因為如此，回來後，在工作銜接上的問題比較小，但是這不免讓我有所感觸，懷孕真的會影響到女人的工作，因為普遍的公司主管會質疑，生完小孩後的婦女，是否還能像以往一樣加班，一樣賣力。甚至會擔心，會不會回來沒多久就辭職。

　　這不能怪公司無情，因為這只是人性。不過相對的，如果公司能夠給予有小孩的婦女們有更多的支持與對策，我想這問題應該是可以達到一個平衡點的。譬如：

　　提供職業婦女們有彈性的工作時間與環境，可以讓她們進公司上四天班，在家上一天。現在大部分的工作，都是透過email或者是電子文件，所以不見得一定要坐在公司裡不是嗎？難道真的要出現在公司裡才算有認真上班嗎？

自然產V.S剖腹產

　　生產不久後看到一篇英國婦女在雜誌裡提出的一個問題：文章作者提到，她在懷孕時就決定她要剖腹產。因為家人曾經因為在自然產時遇上併發症而沒有緊急開刀因素下，導致寶寶腦部在產道擠壓而缺氧，所以她堅持剖腹產。

　　但是她這樣的決定，卻遭到英國婦產科護士們的差別待遇，因為大家覺得她選擇剖腹不是母愛的行為，而是自私的行為。她們認定自然產才是正確的生產方式。我那時很想回信給作者說，你應該來香港，香港有些婦產科醫生都是建議產婦剖腹。因為這樣醫生好安排他們自己的行程，還可以多接生個幾個賺錢。

　　我個人在懷孕時有與台灣的醫生溝通說，我想自然產，因為我要以寶寶

安全為前提下，以最自然方式生產。

　　當然無知的我當時無法想像陣痛可以有多痛，不！應該是說陣痛不算痛，是護士搓破羊水時真的痛到快暈過去。但是最終我還是很慶幸我的醫生在我痛到叫不出聲的時候，在確認寶寶安全後，並沒有輕易的因為我的哀求，給我無痛分娩的麻醉。反而與護士們一起鼓勵我，用我的意志力渡過。回到香港後被許多人，甚至親身生過小孩的朋友嘲笑，她們形容我的生產過程是「有機生產」，老闆還在大家面前說不要跟我一樣笨。

　　其實我是懶得跟她們說，生的人是我，痛的也是我，這是我的選擇，我怎麼生小孩，關他們啥事？

　　剖腹生產算是一種手術，跟自然生產一樣，都會有併發症的危險。

　　而生產後的恢復期也都是一樣的辛苦，沒有特別哪一種比較好。既然決定生子，剖腹或者自然都不是捷徑。沒有一個是可以跳過那辛苦的階段。也許無痛分娩的麻醉，可以麻痺神經，但是整個生產過程，不可能沒有體驗到陣痛與傷口恢復的痛。有的人承受的起疼痛有的人不行，這都沒有一定的。

　　也沒有哪種比較好，哪個人比較厲害的區別。這只是簡單的用什麼方式將寶寶順利的生下來罷了，有必要譏笑選擇感受疼痛的產婦笨嗎？有必要指責剖腹的產婦膽小怕痛嗎？

餵母奶V.S配方奶

　　現在醫學都提倡餵母奶，因為母奶裡的營養可以讓寶寶有很好的免疫力。這是不爭的事實，因此我也毫不猶豫的決定餵母奶。但是在餵了一個月以後，我的奶量開始變少，回到香港後，就少到擠不到一瓶。

　　雖然有點失望這麼快就自己沒了，但是也安慰自己說，至少有餵到第一個月一最精華的階段。

　　但是誰知道後來才發現，所有育兒書籍討論配方奶的部分都比較少，每一本都專注在餵母奶的好。我當然知道餵母奶好啊！可是沒有的人怎麼辦？

　　沒有一本書教我如何判斷這個品牌的奶粉適不適合我的寶寶，沒有一份資料讓我知道，每一家廠牌奶粉的不同。唯一收到的是，各大奶粉廠商不知道從哪裡買到我的聯絡方式，每天打來推銷。而這些廠商們為了拿到這些產婦們的電話，要產婦們拿出媽媽手冊，換取免費試用品。我當然能理解，這是廠商為了搶生意，而不得不設計出的行銷手法，但是這樣只是為了生意賣出奶粉，並未考慮到每個小孩的體質不同。

　　要如何選購適合的奶粉，又有誰能幫助選擇配方奶？母奶固然有它配方奶比不上的優點，但是每個媽媽體質不同，像我自己就真的在一個月後自然停了。

　　不過我相信也是有自己選擇不餵母奶的媽媽，社會對這群沒有餵母奶的媽媽們，用非常嚴厲的眼光苛責，好像這些媽媽們並沒有做好做母親的本分，好像她們使用現成的配方奶，是懶惰的行為。

　　餵母奶是真的很辛苦，因為要不停的擠，一次不擠它，會漲到像快吹爆的氣球，而且出門在外也不方便，因為要確保姆奶的新鮮，不能去太遠的地方。而現代人雖然提倡餵母奶，但是在香港公共場所裡，因為沒有專有的哺乳區，讓有些媽媽不得不在大庭廣眾之下掏奶出來。而且還是有不少人對著在餵母奶的媽媽指指點點。針對這點，我必需要稱讚台灣的進步，從桃園機場第一航站，到台北較大的捷運站以及各大百貨公司都設有哺乳室，甚至嬰兒室，提供餵奶媽媽一個私人空間，並且幫寶寶換尿布。

　　我相信以上這些選擇，是所有媽媽們必須經歷過的。雖然人生裡充滿了選擇，尤其現代社會的選擇，多到會讓人頭暈。但是只要社會大眾以及親戚朋友們，可以多尊重這些媽媽們的決定，多給予支持，我相信就會減少一點家庭糾紛，而媽媽們也不會覺得孤單。

多元教育我見我思

台灣媽媽在紐西蘭

● ●

　　我在紐西蘭念書的期間，有幸遇上這一家來自台北內湖的吳家。讓我這住在紐西蘭白人家的小留學生，有了暖暖的台灣愛。而吳媽媽在我成長過程中，不僅週末假日永遠歡迎我去他們家搭伙以外，也給了我很多關愛。跟吳家姊妹不知不覺變成很要好的朋友。對我來說，他們有如我的姊妹，即使我們現在各住不同的城市，但是碰面都會說個不停，她們也永遠都在我背後支持著我。

　　當初知道吳家大姊潔妮試了一年多以後，才懷上老大，我聽到時既開心又忍不住疼惜她，哭個不停。也知道她發現兒子是過敏兒所經歷的挫折。對她全方位照顧孩子的毅力，我真的發自內心的佩服。因為她可是百分百沒有雇傭的全職媽媽，很用心地照顧兩個活潑的小男生。現在有時遇上新手媽媽的問題，我都會很自然的問問潔妮，參考她的意見。

　　以下是我訪問她的對話

Q₁：請問你有幾個小孩？多大？

A：兩個小孩，老大Hunter 3歲老二 Ryder目前滿9個月。

Q₂：什麼原因讓你們決定生第一胎的跟第二胎？有計畫再生一胎嗎？

A：婚前就有計畫結婚後要生小孩，會決定生第二胎，是因為希望兒子能有個伴。

Q₃：你懷孕的時候，有受到什麼不同的待遇嗎？是比較好的對待，還是比較無理的對待呢？

A：因為第一胎是我們期待了一年多才有的寶貝，所以家人們都很開心也很支持我。而且在懷孕過程一切都很順利，在紐西蘭對於孕婦也是特別的禮讓，並沒有受到什麼無理的對待或者會讓你有不舒服的地方。

Q4：紐西蘭的兒童福利政策有什麼地方是讓你很喜歡的？還有什麼你覺得可以加強補進的？

A：目前因為紐西蘭人口呈現副成長的關係，政府對於家庭以及兒童的福利考慮相當周到。譬如說政府保證5歲以下的兒童醫療上的輔助，並且完全沒有排富的限制。雖然看病還是得付擔少部份的費用，但只要是屬於處方籤的藥物，幾乎是不用錢的。

除此之外，3歲至5歲以下上幼稚園的小朋友們，也有一周20個小時的補助，對大部份的家庭都是很有幫助的。

備註：

紐西蘭所有嬰兒出生後，可以得到家庭醫生和皇家譜朗凱特協會（Royal Plunket）所提供的免費保健服務。在紐西蘭全國各大城市都設有家庭中心，而中心的服務人，會定期透過家庭訪問和門診的方式，追蹤每個孩子的健康與發展，這個譜朗凱特協會在各大城市，透過一部份的員工以及志工長期提供各個有嬰幼兒家庭。一歲到五歲成長過程中，不同階段所需的輔導與協助。各服務處的註冊護士，也會定時做家庭訪問，給與更有效的協助，譬如協助新手媽媽母奶方面的資訊，或者定期追蹤孩子的體重與身高等不同服務。這些服務，不僅讓有關單位知道，每個孩子在各家庭成長環境是否安全以外，同時也給與媽媽們一些精神上的支柱。

紐西蘭政府針對嬰幼兒的家庭也有輔助：

＊為家庭工作類家庭退稅（Working for Families Tax Credit）

＊家庭退稅（Family Tax Credit）

＊在職退稅（In-Work Tax Credit）

以上三種退稅方案，是依據各家庭的收入來源，以及工作的服務單位所列出的不同申請方案，同時會依據各家庭收養孩子的人數，以及年齡區分退稅津貼的額度。基本上，只要是紐西蘭國民都可享不同等級的政府補助。

＊低收入家庭退稅（Minimum Family Tax Credit）。依據政府所擬定的低收入標準，每戶低收入家庭每週可領取固定的補助津貼。

＊新生兒父母退稅（Parental Tax Credit）。此退稅金基本上是幫助新生兒家庭生活所需的津貼，稅務局會在孩子出生56天內，根據各家庭的收入發放，但是此福利不能和產假補助同時領取。

＊產假補助（Parental Leave）14週有薪產假。

＊幼兒孩童福利補助（Childcare Assistance）。幫助各家庭的托兒費用，並且最近放寬了申請家庭的收入限制，也提高了補助金額。

＊托兒補助（Oscar Subsidy）。提供給有需要的家庭每週20小時以上的托兒服務。

＊幼稚園補助（Early Childhood Education）。給3至4歲孩子每週20小時免費上任何國家政府單位所認證的幼稚園

Q5：紐西蘭的基本有薪產假可以放多久？先生也可以請有薪育兒假嗎？

A：紐西蘭的產假基本上可以請一年，這一年中可選擇讓先生或者太太一方請產假，而政府會依你原來工作的薪資比例支付部分薪水。值得一提的是，政府從你的小寶貝呱呱落地的那一刻起，就會付你育兒費（需依全家收入多寡決定要支付金額）。

備註：

紐西蘭婦女可享有14週帶薪假，同時可申請36週留職停薪假。

Q₆：可以簡單的形容你兩胎的生產過程嗎？

A：第一胎是在早上破水，到了醫院醫生開始戴上baby的心電圖，觀察baby的狀況，因為一直沒有要生的跡象，所以下午開始催生，但陣痛實在是太痛了，痛到我根本沒辦法決定要不要用無痛分娩，最後只用了gas，而大兒子也在催生後3個小時平安生下來。

第二胎也是先破水，那天正好是紐西蘭的國定假日，和老公外出購物，正在商店裡閒逛時就突然破水，還好商店離家不遠，就直接衝回家拿了東西就趕往醫院。到醫院檢查後護士覺得我並不會當天生，本來想叫我回家，但是和醫生後討論下決定在當天就催生。這一次點滴才剛打下去就馬上開到7指，很快就要生了，第二胎果然迅速，從破水進醫院到生產結束全程大約才4個多鐘頭。真的就像生雞蛋一樣快。

Q₇：在小孩出生後，你的婚姻有哪些改變？第一胎與第二胎的出生有什麼不同嗎？

A：老大出生後，生活的重心自然而然就落到小朋友的身上。雖然當時老公有時覺得被冷落了，但我覺得少放了很多的關心在老公身上後，反而減少了很多的摩擦，所以對我來説可以算是好事吧。接下來跟著老二也來報到後，我終於了解什麼叫做耐心和體諒。因為帶兩個小孩如果沒有這兩樣東西，應該會非常的無助與痛苦吧！

Q₈：第二胎是真的都比較黏媽媽嗎？還是你覺得第二胎容易多了？

A：因為老大實在是太好帶了，相對的在老二出生後因為哥哥的先例並且還有哥哥需要照顧的關係下，無形之中總覺得老二相對的比較難帶多了。

加上老二還在喝母乳的關係，感覺上會特別的黏我，所以頭幾個月會明顯地覺得老二真的難帶很多。

Q9：你與先生的爸媽在做爺奶輩以後有什麼改變嗎？

A：因為我們是和公婆同住，加上他們已經退休，所以老大還沒出生前，當老公去上班後就是我跟公婆在家，平時生活形態很單純。但是生了老大以後，因為家裡多了一個注目焦點，感覺上家裡比之前熱鬧多了。當然也因為家裡多了個小孫子，和公婆之間的互動因為孩子有更多交集與話題，讓我們的關係更為親密。

Q10：你先生在當爸爸以後有什麼改變嗎？

A：我最開心的，是我看著老公從人夫轉變為人父的過程，就像我自己也是慢慢從一個什麼都不懂得新手媽媽轉變成兩個孩子的老鳥媽媽，時間與經驗讓我們兩個都成長不少。當然剛開始老公對於小孩真的是又愛又怕，尤其我覺得男人好像都真的很怕抱新生兒，總覺得好像會把他們給「弄壞了「一樣害怕。不過現在，當了三年的爸爸後，老公變得更有耐心常幫忙照顧孩子，而且也變得更懂得體貼我了。

Q11：在當媽媽以後你自己的改變是什麼？你喜歡當全職媽媽嗎？

A：從一位新手媽媽變成老鳥媽媽的心路歷程，真的是酸甜苦辣交雜，尤其我倆個寶貝都是過敏兒，照顧起來真的需要更多耐心和細心。不過我很幸運我能當全職媽媽，隨時隨地可以在他們身邊照料他們因為是過敏寶寶所面臨的吃睡問題，同時也不用過度擔心假他人之手，是否能照顧得宜等擔憂。所以我真的覺得自己很lucky當然也非常enjoy當個全職媽媽。

Q12：當你有事時 你的小孩由誰幫忙照顧？還是你是那種到那都帶著孩

子跑的那種？

A：平常如果有事的話，我會盡可能的用電話來解決問題。還好紐西蘭是個體諒全職媽咪的國家，通常有什麼問題一通電話都可解決。但是如果有碰到非本人出現無法處理的情況時，我首先還是會選擇帶著孩子一起去，除非目的地不方便帶孩子的話，我會請公婆稍微看一下，但是真的是非不得已的情況下才會托付孩子給老人家幫忙。

Q13：你的管教風格是什麼？你是屬於嚴母型還是慈母型？你與先生之間你們兩個扮演的是什麼角色？

A：我希望我能做到是個讓孩子又愛但是有小怕的母親，因為我相信尤其是活潑好動的男孩子們還是比女孩子需要比較多的原則，所以我會希望他們在我給與的空間下快樂成長，但是同時也是要遵守我所定例的規矩，而我跟老公在管教方面盡可能地在孩子面前都會站在同一陣線上，如有需要的話，我們也是一一起辦黑臉管教孩子。

Q14：紐西蘭的教育是什麼？你會幫你的孩子選擇什麼樣的教育？你會讓他們回台灣嗎？

A：雖然我們家就離奧克蘭的私立名校一條街的距離，但是目前我們並沒有打算安排兒子們將來送到對街的學校就讀，因為我們發現念私立名校的孩子們互相之間的比較心態與價值觀不是很好。很多都會有「一定要用最好的電腦，放假一定要出國旅遊」的觀念，因此我們不希望孩子在這樣的環境下長大。加上紐西蘭普遍來說，教育都很優良，所以現階段我們還是以送普通公立學校就讀，但是在兒子們必須上學以前我們還會在那時再來慎重考慮分析後才決定送什麼學校就讀，當然由於婆家與先生的工作都在紐西蘭，因此孩子們的主要教育還是會以紐西蘭為主。

備註：

所有紐西蘭國民都享有13年的免費國民義務教育，而大學則是沒有補助。不過政府有提供低收入戶家庭的學生，申請學生貸款方案幫助入學

3-5歲	幼稚園	非政府補助
5-11	歲國小	義務教育
10-13歲	國中	義務教育
12-18歲	高中	義務教育 但是在高中6年級時 只要學分夠便可以申請大學
	大學三年	非政府補助

Q15：在家你們說什麼語言呢？你如何教孩子中文呢？

A：在家裡還是以中文為主，因為孩子還小，我們並沒有刻意教他認識中文字或者糾正他的語法，還是一切都是採取順其自然的方式。未來因為上學後他們的語言可能還是會以英文為主，因為畢竟我們還是生活在英語系國家，但是我們有計劃等孩子們上小學後，我們盡可能地會趁暑假期間帶孩子回台灣去見習或者在台灣看是否能安排插班上一學期的小學，以增進他們的中文程度。除此之外在紐西蘭，也會在未來幫他們找有經驗的中文教師教他們基本的中文聽，說，讀，寫能力。

Q16：你讓孩子看電視嗎？現在有一派父母不准孩子看電視你認為呢？

A：我本身並不排斥讓孩子們看電視，但是我還是會選擇他們看的節目和時間。因為有一些的節目真的會造成孩子們產生暴力行為，同時也有專家發現看太久的電視的確是會造成生理和心裡負面的影響。其實我發現只要選擇性的讓孩子看一些教育性高的兒童節目，不僅可以讓他們透過節目學習新事物，也可以讓他們稍微chill一下，其實真的不是什麼壞事。

Q17：在你們家是主張小孩跟你們睡還是分房？為什麼？

A：我是一個贊成和小孩分房的母親，但是因為目前家裡的格局關係我

們暫時不得不和小朋友同房。由於目前與孩子同房，所以我更能體會分房的好處，除了可以讓孩子不受其他人的影響學習自我入眠，而且爸媽也可以有點私人的時間不受孩子影響。將來等到房子重新整修後我會極力讓孩子們自己都有個獨立的房間，對他們來說也算踏出學習獨立的第一步。

Q18：你有帶孩子出遠門過嗎？你反對帶孩子出遠門嗎？

A：雖然公婆與先生也是台灣人但是由於婆家與先生的生活重心都是在紐西蘭，而我自己的家人還在台灣，所以某部份上我算是一個嫁到紐西蘭的台灣媽媽，因此帶孩子回台探親也是每年必做的事。但我不得不說帶孩子出遠門的確是一個很大的工程，尤其是當孩子的數量超過一個以後，真的十分費神。加上我的個性是那種必須要有planA + planB我才安心的媽媽，所以出遠門對我來說真的是心力交瘁。但是等你見到了好久不見的親朋好友們，看開心的外公外婆時，你會發現再累也是值得的。

Q19：你兩個孩子都是過敏兒在照顧護理方面會辛苦嗎？可以簡單說明小孩是什麼類型的過敏

A：在我生老大以前，我完全沒有被告知或者閱讀到有關過敏兒方面的文章，當時壓根都沒有想到孩子會不會有過敏方面的問題，所以當我知道我的老大是過敏兒時，當時我的反應是無助加上難過，並且有一陣子責怪我自己為什麼會把這種遺傳疾病傳給了他。

當時我們不知所措，抱著孩子看了無數次的家庭醫生，當後來輾轉有幸碰到了非常好的專科醫師幫我們解決了我們的疑難雜症後，我們發現有了專科醫師的指導老大的過敏症狀有了很大的改善。所以當老二出生以前，我們已經做了心裡準備，當老二檢查出也是過敏兒時，我們可以更冷靜並且知道該如何給他需要的照顧。

剛開始我的大兒子是檢查出對乳製品過敏，出生時有喝母乳，但是滿月

後全身開始起疹子，最嚴重的一次是開始餵他喝羊奶粉那次整張臉呈現像長水泡一樣起一粒一粒的東西。自大兒子3個月大開始喝水解蛋白奶粉後，對乳製品的過敏反應開始降低，可是醫生還是建議我們讓他喝水解蛋白奶粉到滿一歲大以後再開始真正接觸乳製品。不過當他開始接觸了副食品後，我們又發現他對蛋的過敏大於對乳製品，所以我們開始控制飲食，並且小心讓他不會接觸到任何有加蛋的食物，掌握好飲食後大兒子的情況就控制下來了。

當老二被診斷也是過敏兒後因為有前車之鑑，我一直努力持續給他全母乳，同時也很嚴格地控制自己在哺乳期間完全不接觸任何的乳製品及蛋類。但是當老二6個月大時，可憐的寶貝還是逃不過過敏兒的命運，在一次嘗試喝嬰兒奶粉後，短短不到1分鐘的時間，他的半邊的小臉因為過敏整個腫起來。之後帶去檢查才發現老二也是對乳製品有中度的過敏，因為純母乳的關係，需要吃一年的抗過敏要來幫助脫敏，但情況也漸漸的控制下來了。

我很開心在照顧老二時我因為有了老大的經驗，在副食品開始後，我很了解孩子在吃什麼東西要小心，那一些東西對他們來說既營養又安全。現在老二已經滿9個月了，他可是非常健康而且也很愛嘗試新食物。看著他們吃東西很享受的樣子，讓我感到非常欣慰。

Q20：對其他同樣家有過敏兒的爸媽你有什麼建議嗎？你第一胎與第二胎的做法有什麼不同嗎？

A：我會建議家有過敏兒的爸媽們千萬不要愛子心切過度緊張，而去相信一些訪間偏方，那不但是對小朋友有害的，而且還有可能會使情況更加的嚴重。最重要的還是一定要帶小孩去找專業的醫生尋求幫助，並且遵守照醫生的指式來照顧孩子，長期下來一定可以看到改善的。爸媽們要了解一點就是，過敏是一種身體的反應，並不是一種「病」，它就像是潛藏在我們身體裡的一個鬧鈴，只要你在第一時間把他關掉，情況就不會越來越遭的。

老大的過敏控制我是經由家庭醫生的介紹下，將我們轉到免疫科一位在

學術界很有貢獻的醫生，遵守他的做法控制孩子的飲食方式，減低孩子身體起任何的發炎反應，進而得到有效控制。

老二我則是聽取朋友的建議，請我的家庭醫生寫信替我轉到一位小兒科醫生，由於他對於食物過敏的兒童特別有研究，所以他的方式是在孩子開始食用副食品後讓孩子先嘗試各種食物找出過敏源，同時配合用藥來幫助孩子脫敏。

這兩種截然不同的方式讓我學習到很多有關過敏兒照料方面的知識，也讓我了解其實看來大同小異的過敏症狀，發生在不同的孩子身上還是有不同的反應，如此可知醫生們的專業及經驗是非常有用而且寶貴的。

義大利媽媽Eva

●　●

　　Eva是馬先生從小到大的好朋友，由於他們倆同年同月同日生，所以常常被大家笑稱是雙胞胎。兩個人的個性也許因為生日同一天，所以真的特別像，加上都同住在一個小鎮，所以從小一直玩在一起，連大學都唸威尼斯的同一所大學。

　　然而我會和Eva變成好朋友，是因為當初我剛到法國里昂時，Eva人剛好在里昂交換學生唸碩士，所以我很自然的就黏著她。因為她的法文比較好，所以常常幫我解決很多問題。

　　後來當她搬回義大利後，每次跟馬先生回去他的家鄉，Eva總是我在小鎮裡可以聊天的好友。當然有時也會幫我唸馬先生。之前回去義大利出差時，也一定會繞去他們家閒聊一番後，再回婆家。Eva是個熱觀又隨和的朋友，她總是少根筋的傻大姐個性，是我眾多朋友中，對於管教小孩總是像趣味學習般的媽媽。

　　看著她管教孩子的過程，常常讓我們捧腹大笑，因為在他們家常常會有事與願違的情況。

　　當然與她聊天時，她總是坦白地分享她育兒過程的喜怒哀樂，即使有不好的事，她從來不會偽裝起來，報喜不報憂。但是她也不會為了不順遂的事而過度難過。我覺得每每跟她聊天後，都會發現，其實我所擔心的事真的沒什麼大不了，因為Eva總是用她的幽默感來看待一切，即使面對不快樂的事情，她也會坦然面對，不會給自己太大的壓力。

Q₁：家族成員介紹，有幾個小孩？幾歲？

A：我們有兩個小孩，老大女兒Asia三歲半跟一歲半的兒子Jacopo，先

生是名農夫，專門開發有機牛奶等乳製品，而我自己是小學老師。

Q₂：什麼原因讓你們決定生第一胎跟第二胎？還有計畫再生一胎嗎？

A：第一胎完全是意外，沒有計畫就蹦了出來。第二胎則是順其自然，但沒想到才有想生的念頭時，又給他懷上了。所以第三胎應該會先等個四五年再 吧。

Q₃：你懷孕的時候有受到什麼不同的待遇嗎？是比較好的對待還是比較無理的對待呢？

A：也許我居住的是小鎮大家都認識我，所以懷孕時，沒有感覺到旁邊的人對我有什麼特別好或者特別不好，基本上都還可以。但也沒有因為挺著大肚子在郵局或者超市，所以有人禮讓我的遭遇。有時真的會在心裡罵髒話，不過小鎮幾乎都是老人居多，所以跟他們比較的話，他們的年齡是勝過我的肚皮。

Q₄：義大利的兒童福利政策有什麼地方是讓你很喜歡的？還有什麼你覺得可以加強補進的？

A：義大利政府基本上會提供媽媽們一至兩個月的協助，但是由於多數公立醫院的病床不足，所以導致很多醫院在媽媽生產完後的第二天，如果覺得媽媽不須要醫療協助，就會把媽媽與寶寶趕回家。我自己生完第一胎的時候真的倍感無助，在這樣的情況下，如果家人沒有適當的協助，是真的很容易得產後憂鬱。

現在有時聽到，有媽媽因為產後憂鬱而做出傻事的時候，我真的很為她們感到心疼，因為目前義大利的病床問題，會讓新手媽媽們感到孤單。聽馬先生說，台灣有月子中心這種地方，我真恨不得下輩子投胎做台灣人。

備註：

　　義大利會根據每年政府所擬定的預算，調整兒童福利津貼。全義大利公民都可享有，不過依據每戶申請家庭的總收入，以及撫養孩童的人數，津貼額度上有些許差距。

　　多名子女津貼——以2010年的預算來說，申請家庭總收入一年低於2萬3歐元，並且扶養超過三名子女的家庭，每個月就可以收取最高129歐元的費用。

　　還有貸款優惠方案——還有所有每戶可以以孩子的生活所需名義向各銀行申請低利息，最高額度五千歐元的兒童貸款，假使家裡有殘障兒童，此貸款是零利息。

　　假期補助方案——低收入多名子女的家庭可以向政府申請渡假券，此券在非渡假旺季的期間，於特定場所才得以使用。基本上只要年收入低於2萬5歐元，並且撫養超過四名子女的家庭，就可以向政府單位領取價值1230歐元的渡假券，但是申請人還是必須負擔部份676歐元的費用，而這渡假券包含住宿飲食各展覽館等娛樂費用。電力補助案——年收入低於2萬3並扶養四名子女的家庭可以申請電力每個月至少72歐元的補助。如果超過四名子女，每年可領取124歐元，低於四名則是56歐元。稅務抵稅方案——各個行政區域依據每年所得到的預算以每戶家庭的年收入，以及撫養子女的人數來計算。其他補助——義大利各個行政區都有自己的兒童補貼，並沒有一定的標準。有些會有房屋津貼補助，學齡童的書本採買津貼低收入戶兒童的課外活動津貼等等。

　　Q₅：義大利的基本有薪產假可以放多久？先生也可以請有薪育兒假嗎？

　　A：我覺得義大利的產假還算人道，通常五到六個月不等。算法是生產前開始放兩個月，然後生產後三個月，而且也可以延到九個月。由於我服務於私立小學，所以我在產假期間拿到的薪資只有八成。但是如果是政府的公立學校，便可以拿到百分之百的有薪產假。在義大利爸爸們是可以申請育嬰

假，而期限跟媽媽們一樣，都是六個月。但是這是在媽媽們選擇不休產假，或者媽媽產後生重病而無法照料孩子，甚至死亡的情況下，才得以申請。

備註：

義大利的產假是硬性規定的，除非有特殊原因，媽媽在生產後不能休息，才能轉由爸爸休。基本上國家規定為五個月，可以隨每位媽媽們與服務單位安排產假的分配。但是最少要在生產前一個月開始休，薪資部份原則上是八成，但是許多公司行號會給百分之百。不過基本上是看每個人的與公司所簽訂的和約為依據。同時領養的婦女們，也有權力享有產假的福利。

Q6：可以簡單的形容一下你倆胎的生產過程嗎？

A：兩胎的產程都還算順利，沒有什麼恐怖故事。不過我發現有些經驗老道的護士們容易忘記，新手媽媽其實很多事情都不知道，所以如果不小心打擾他們聊天，問如何包尿布的蠢問題時，護士們就會一付，怎麼連這都不知道的態度。讓我感受不是很好。

Q7：在小孩出生後你的婚姻有哪些改變？第一胎與第二胎的出生有什麼不同嗎？

A：有的，而且是劇大的改變。首先我到現在將近四年的時間沒有一天睡得好，跟先生常常會因為照顧孩子而忘記溝通，加上當初生第一胎時，兩個人都沒有經驗，所以容易緊張。也因此夫妻相處的時間也少了。在第二胎出生後，情況反而因為家裡多了一個寶寶更為忙碌。而且我們是在完全沒有準備的情況下，就當了爸媽。也因此在孩子出生後，才發現我們在管教孩子上，許多觀點不同而起了爭執。我想我們倆階在現段應該還算是在調適中

Q8：是真的第二胎都比較黏媽媽嗎還是你覺得第二胎容易多了？

A：我倆個孩子真的一個是月亮，一個是太陽，我的老大出生後比較難帶，而且敏感。所以我到現在都還沒有辦法睡好。因為老大在睡覺這方面很愛挑戰我們的極限，但是老二相對之下感覺上就隨興多了。剛開始老實說很容易忘記他的存在。因為當時老大很會吃弟弟的醋，所以常常調皮搗蛋來引起我們的注意力。所以我能說的是，第二胎不見得就比較黏，完全在於孩子本身的氣質與個性。

Q9：你與先生的爸媽在做爺奶輩以後有什麼改變嗎？

A：我其實是因為生了第一胎後，才嫁給我先生，縱使我們都是在同一個小鎮長大的。先生的爸媽從我小時候就認識我，但是我並沒有發現他們對我有什麼不同。他們就住在我家樓上，所以常常在需要幫助時，他們總是第一時間就來幫忙，不過我還是在不得已時，才把孩子托付給他們照顧。

Q10：你先生在當爸爸以後有什麼改變嗎？

A：我女兒完完全全掌握著她的爸爸，而且有時我不得不承認我有點吃味。因為先生在女兒出生後，整個人完全像是被女兒給催眠般，總是圍繞在女兒身邊，什麼是都是女兒女兒的。然而先生對兒子則是扮演著嚴父的樣子，比較要求兒子要有男孩的樣子來管教兒子，不過從來沒有真正地履行過。在兒子出生的頭幾個月，先生比較會忽略到兒子的存在。不過現在因為兒子大了，比較可以互動，和姊姊玩，所以有比較好。但是還是看得出爸爸對女兒還是比較不同。

Q11：在當媽媽以後你自己的改變是什麼？對於你的事業上有什麼改變嗎？

A：由於我花了七年的時間唸到博士，而孩子來的很突然，所以我不得不承認有時我會問自己，如果沒有孩子的話，自己會在做什麼。縱使我非常

享受當他們的母親，但是我還是不免會想念，沒有孩子時的自由，可以隨心所欲想出國就出國。所以我現在每週都會找至少一個小時的時間，給自己做自己想做的事。像是去做個SPA、跟朋友喝茶聊天、去購物也好。反正這一個小時的時間我讓自己做非關家庭孩子的事，放鬆一下。

Q₁₂：當你上班時誰幫你照顧小孩？你有送托嬰中心還是爺爺奶奶幫忙照顧呢？

A：老大已經上幼稚園，而老二則是送托嬰中心，有時爺爺奶奶會幫忙照顧。

Q₁₃：你的管教風格是什麼？你是屬於嚴母型還是慈母型？你與先生之間，你們兩個各扮演什麼樣的角色？

A：我有兩個孩子所以為了家裡的秩序，會訂立他們每天的固定作息，以及幫他們製作獎勵表等。當然我有時會被他們激到生氣而大叫。但是基本上，我會指導他們有基本的禮貌以及規矩。不過，他們爸爸總是那個不守規矩的人，常常把我辛苦訓練好的規矩給化為烏有。有時真想在爸爸的獎勵表上摘下一顆星。當然是在可以幫他做一張獎勵表的狀況之下。

Q₁₄：義大利的教育是什麼？你會幫你的孩子選擇什麼樣的教育？

A：基本上我會讓孩子留在身邊到高中後，隨他們自己的意思選擇大學和工作。

備註：

義大利國民義務教育是從6歲到16歲，而大學如果是公立的，也是要依據各家庭的年收入、以及是否有申請獎學金等區分。有免額就讀，也有每年5千歐元的學費。

　　以馬先生自己的案例，當時他去威尼斯讀大學時，因為家裡的年收入超過補貼標準，因此他每年必須繳3000歐元的學費。但是除了基本學費以外，義大利還有許多奇奇怪怪、沒人知道要用來做什麼的印花稅、托嬰中心等等。

義大利的學制

0–3歲	幼稚園	非政府補助
3–6歲	小學五年	非政府補助
7–11歲	中學三年	國民義務教育
12-14歲	高中兩年	國民義務教育
15–16歲	高中三年	國民義務教育
17–19歲	大學先修	非政府補助 註：如果選擇要唸大學的學生，必須再唸這三年的學分，才能升大學
19歲以上	大學 三年至五年不等	非政府補助 註：基本學士三年，三年後則是依據每個學校以及學科不等所需的學分再進修

　　Q₁₅：在家你們說什麼語言呢？你有教孩子不同的語言嗎？

　　A：在家的溝通還是以義大利文為主，但是幫他們選擇的卡通，幾乎都是英文發音。有時我也會跟他們說點法文。

　　Q₁₆：你讓孩子看電視嗎？現在有一派父母不准孩子看電視，你認為呢？

　　A：我不會排斥給他們看電視，尤其當我睡眠不足時，電視真的是老天派來的天使。但是通常我還是會慎選節目。有時孩子會要求要把英文發音換成義大利文時，我就會跟他們說，電視轉盤的義大利文功能壞了，我們看英文發音的吧。但是如果可以的話，我還是會盡量花點時間跟他們玩遊戲。

Q17：在你們家是主張小孩跟你們睡還是分房？為什麼？

A：基本上我們是分房，但是睡眠這個問題在我們家是場災難！我因為他們睡眠的問題看了一本書叫「去睡覺」而我們也秉持著書的建議在他們睡前時做一些溫和的活動。跟他們說完睡前故事後，跟他們抱抱。但是不知道為什麼，這兩個小鬼的精力，總是在睡前達到最高點。縱使我們好不容易把他們弄睡了以後，這倆姐弟在半夜都會輪流醒來，尤其老大已經會爬下床了，常常半夜都她會突然站在床邊，被她嚇著。所以我們家還在與睡眠戰鬥中。希望過一陣子，等他們大了一點、上學時間久一點，可以改善這個問題，因為我真的好想好好睡一覺。

Q18：你有帶孩子出遠門過嗎？你反對帶孩子出遠門嗎？

A：我們很喜歡旅遊，以往我跟先生常常會全世界各地遊走，但是在有小孩以後就比較難了。不過老大出生後，還跟我們去過不少地方呢！像是西西里島、比利時，在土耳其時，也坐過郵輪，去過突尼西亞、西班牙等歐洲各國。但老二出生後，就比較困難了。因為四個人出遊的消費是真的不少，不過我們還是會帶他們上山下海。夏天去海邊，冬天上山滑雪。當然在歐洲我們很習慣會去CM旅遊渡假村，因為他們的渡假村裡，有專為孩子安排的活動以及設施，所以可以讓我們爸媽稍微休息一下。

Q19：你如何在工作與家庭之間取得平衡呢？

A：我覺得懂得如何安排時間，是最大的關鍵。不過我們這些在職媽媽，也是有忙到亂了腳步的時候，所以也是要懂得變通，如此一來，自己在做職員與媽媽兩個角色上，比較容易調適。但是很榮幸地，我的工作允許我有更多的時間陪伴孩子。做為學校老師，上班的時間很規律，而且我們也可以跟著學生放長假。比起其他在公司行號上班的媽媽們，我們真的幸運很多。但是很不幸地，我認為我每天看到孩子的時間有點過長。從早到晚每

週七天從家裡到學校，無時無刻黏在一起。有時我很想躲到看不到他們的地方，喘息一下。如果可以的話，我非常想躲到馬爾地夫兩個禮拜、與世隔絕，好好睡個覺。

虎媽教育＝菁英教育？

●‧●

　　我不是專業的育兒專家，但我是努力學習的新手媽媽，我與女兒一起學習成長，她教會我的，比我教會她的更多。然而這也是我個人的經驗，個人的回憶並不代表是唯一的做法。我從不打算把孩子當成白紙般，幫她在她的人生塗上顏色，因為如果孩子真的是張白紙，事事都得讓我們大人幫他們上色，那麼做爸媽的，真的會累死。

　　在我們家，我們既是照顧珈珈生活所需的父母，也是她的心靈輔導師，不過我們不是她人生的導航師。2011年初，在美國熱門到不行的話題，也跟著到亞洲來了，也就是美國華裔第二代蔡美兒所寫的「虎媽戰歌」《Battle Hymn of the Tiger Mother by Amy Chua》。書中作者以自己從小移民家庭的教育方式，來教育她自己的下一代，而她所立的鐵的紀律，看在現代歐美的爸媽眼裡，比體罰還來的嚴重。

　　她的書在被美國華爾街日報刊登後，掀起了一場親子教育的戰爭。很多讀者覺得她太自視甚高，即使她最後上節目後，不得不多次解釋這是一本回憶錄，講述她自認為成功的教育如何因為小女兒的叛逆而改變，但是看在我眼裡，我只能說：她這本書出的時機，正好對上了中國人在世界的崛起。拿我自己來說，身為台灣留學生，求學期間旅居了不少國家，接觸了不少文化，最後嫁給義大利人，現居香港。

　　在吸收了這麼多的文化以後，我感覺作者的觀點太不現代了，而她自己對中國文化的片面瞭解卻打翻了一竿子中國人。因為現代中國人的崛起，並不是因為他們在學校都表現優異，而是中國人與生俱來的努力與堅持，才能在這個世紀大放異彩。我的父母不能算是台面上所認知的虎爸虎媽一族，因為他們對我的成績從來沒有要求過。在台灣上了國一後，除了英文跟美術沒

有一科及格過，他們也從來沒有為成績打過我，但是並不代表他們對我不嚴厲，不體罰、不教訓我。從小在家，只要媽媽使個眼色，我就嚇到等著吃棍子，也曾經被打到塑膠板斷掉，也曾經因為晚上不乖，連同被子被丟到家門外的樓梯間。

上學回家突然下雨，我媽即使是家庭主婦也不會拿雨傘來接。上國一後，有一次學校通知我媽我生病，必須回家時，我媽也並沒有到學校來接，反而是請老師轉告，要我自己走路回家。

後來因為出國念書，發現我帶回來的態度與思想上，與他們期待有所不同時，也曾經被狠狠罵過洋腔洋調。但是隨著時間過去，我爸媽也開始跟著認識西方教育，也努力改變自己的想法，中間我們經過不少次摩擦，也流過不少眼淚，當然我相信當我大學畢業，放下爸爸安排的工作，跑去法國住了六個月法文卻還是不會講以後，又搬到了義大利與當時才認識一年多的男友同居，留在米蘭唸碩士，這在我人生道路上突然殺出來的岔路，我爸媽想必是勒著自己的脖子，很想把我帶回亞洲來，好好揍一頓。

但是，最終他們還是相信我的選擇，因此放手讓我去找尋屬於自己的人生。當時我才21歲，研究所畢業不久，才開始踏入社會工作。25歲的那一年，我嫁給了當時才剛進MTV台做製作人不久的義大利男友。現在自己當了媽媽，用媽媽的角度來看，我非常佩服我爸媽當年的勇氣。

生完珈珈後，有一次我問我爸媽，當年是怎麼辦到的，他們說因為他們知道我固執的個性，知道我一直都很清楚自己要什麼，並且是會去實現夢想的人，同時他們也知道，從小對我的教育一直都是教導我，為自己的行為負責。

因此，既然我如此堅決要去歐洲一趟，不管後果如何自己要去承擔，雖然有一陣子每天像是ㄘㄨㄚ丶著等我的電話，不知道我會有什麼狀況般地忐忑不安。

當然感謝老天「保庇」，讓我沒有白去了那一趟，因為那些看似叛逆

的行徑，不僅豐富了我的人生經驗，同時也給我了一個家庭。不過這並不代表，我會用同樣的方式來管教珈珈。因為在成長過程裡，我的父母為了給我在未來有更好的競爭力，把我在15歲的那一年獨自送出國。對他們來說，是一件既痛心，但又不得已的選擇。因為當時爸爸剛創業不久，媽媽無法跟著我出國念書，不幸地台灣的教育又容不下頗有個人思想的我，因此不得已，把才剛滿15歲，還在懵懂的我送到紐西蘭，並把我交給了當時僅有一面之緣的寄宿家庭。

我知道我爸媽把我交給寄宿家庭的那一夜，他們倆回到飯店後完全睡不著，而且因為內心的糾纏，直到隔天上飛機，兩個人都沒有什麼對話。

我知道當時他們一度很想衝來，把我從寄宿家庭帶走上飛機，而我也永遠記得那一晚感覺自己像是被拋棄，但又明瞭這是對我最好的決定的那種無奈感，加上台灣人比較內向害羞，在情感表達上，從來沒有被開發過，因此與父母能夠打開心胸談心，是等到我出社會幾年後的事。

因此我並不贊同虎父無犬子的嚴厲教育，就是幫孩子在未來奠定了更勝一籌的競爭力，因為世界上沒有完美的人，假使是訓練奧運選手，第一條件也是要看孩子本身的天賦。寫虎媽戰歌的作者，用她自己對「成就「的認知，來教育她自己的下一代，彷彿沒有在卡內基音樂廳演奏的音樂家就不是音樂家似的。大肆評論東西方教育的差別，然而她自己卻是個不會說國語的華人。

如果我當年沒有跑去歐洲，我今天也不會走出這條路。如果當年我爸媽用強勢的方式抵制我去追求我的人生，沒人能保證，他們可以給我比我現在更快樂的人生。

我覺得，這個年代不能再用文化來隔離人與人之間的關係，也許我們成長的那個年代，歐美的確比亞洲來得先進與開放，但是我們現在是活在地球村。

我覺得做父母的，都有機會接觸到各國文化的親子教育觀念，但是國外

的月亮並沒有比較圓，在我身邊，我有幸認識不少來自世界各地的朋友。但是我發現這些朋友對待自己的下一代，都有自己的想法，並不是說西方的媽媽就比較隨便，放任孩子，而東方的媽媽就比較嚴格，完全沒有樂趣。

以我身邊的朋友來說，不分國籍、不分種族，我都有認識寵溺型的跟嚴屬型的媽媽，但是如果真的要以文化來區別的話，那麼我覺得在西方父母的觀念裡多數把孩子當成個體來尊重，並且給他們適時的空間成長，而東方的父母多數因為愛子（女）心切，因此容易不自覺地把孩子當成自己的附屬品來保護。舉例來說，我在我們社區的公園裡，常常看見歐美一歲剛學會走路的小孩，獨自到處遊走，大人跟在後面。而亞洲的小孩，通常都是被大人牽著走。換句話說，歐美的父母比較不會事事都幫孩子做好，而東方的父母通常會因為老一輩的壓力，感覺必須要事事都幫孩子打理好，才是好爸媽。

孩子真的不是來幫我們大人圓夢的工具，除非孩子有非常獨特的天賦，可以加以訓練開發，不然我覺得一個社會，不應該把下一代教育成唯有當第一名，才是成功的表象。只要不是為非作歹，做出傷天害理的事，那麼又有誰能夠斷定什麼叫做成功？與其給孩子過度密集的菁英訓練以確保他們未來的「成功」，不如在他們還小的時候，多花一點時間陪伴在他們身邊。說說話也好、抱抱也好、出去走走也好，這些對孩子的關懷，肯定遠比送他們上潛能開發班來的更有價值。

媽媽說話術

● ●

　　公關出生的我，其實對什麼時候說什麼話，會比較敏感。除了時間累積的經驗以外，身為生意人的子女，從小到大也看盡爸媽工作時的說話美學。

　　因此我更相信，溝通是情感脆弱的現代人，最重要的良藥。在懷孕時期，閱讀的各國親子書報雜誌裡，很多文章都在探討如何與孩子溝通。這表示，這個話題的確是我們現代爸媽想知道的技巧，因為從小我們被爸媽罵笨蛋，這一類負面的詞句，好像還是深深烙印在不少大人的心中。其實不僅要在對的場合說對話，還要加上一點表演元素，這樣才能將簡單的一句話說到心窩裡。

孩子篇——你比較愛誰？

　　其實在珈珈開始聽的懂我們的指令後，我就要求馬先生以及褓姆在說話方面要特別注意，譬如說，我堅決不准小孩子氣的馬先生在珈珈面前說，「比較喜歡爸爸還是媽媽？」或者是「跟爸爸出去比較好玩對不對？」之類的話。

　　這會讓孩子在無形中，要在父母之間做選擇而感到困擾，最後導致為了讓爸爸或者媽媽一方開心，而回答大人想聽到的話。這真的是既無謂又對孩子發展無幫助的話語。與其要孩子說比較愛誰，不如問他們今天跟爸爸或媽媽（家裡其他大人）出去做了什麼好玩的事。要很認真很興奮地聽他們說，然後再問他們要不要下次跟自己出去做一樣的事。這不僅可以訓練孩子表達能力，並且讓孩子知道爸媽重視他們的感受。

　　即使不太會說話的寶寶們，也可以這樣問他們，但不用期待他們回答，只要自問自答亂聊一番。重點是，你在跟他們說話而給與的專注，讓小寶寶

感到安心。

孩子篇——你看其他小朋友都……

有一次在過海關時，珈珈因為大排長龍而感到煩悶，所以很「歡」。但那種地方又不適合讓她下來亂走，給她玩具轉移注意力也完全沒有用，所以馬先生把她抱起來，跟她說：「你看旁邊小朋友都乖乖站好，你要不要跟他們一樣？」我當下聽到，很想踹馬先生一腳，因為怎麼會有人這樣安撫因為煩悶在「歡」的小孩。不過因為馬先生的話已經講出來了，如果我當時在珈珈面前指正馬先生的話，爸爸在珈珈心中的公信力一定會減低。

所以我忍到晚上回家，等珈珈睡著後，才跟馬先生說，為什麼不能這樣說話。但是馬先生說：「我又沒把她跟其他小朋友做比較，我只是提議她跟其他小朋友一樣。」

於是我跟他分析，像珈珈這樣小的孩子，怎麼會知道排隊的規矩？對她來說，只是感受到，因為坐飛機很累，但又不理解為什麼被卡住，既不能前進，又不能到處亂跑，像是被監禁般地不舒適，所以在鬧脾氣。這時你再跟她說，其他小朋友怎樣怎樣的，在她的認知就是，我又沒做錯事你幹麼唸我？想當然爾，當馬先生跟她女兒提議像其他孩子時，珈珈反而更生氣開始哭。

其實這種情況，做爸媽的常遇見，不僅是排隊，有時當小朋友因為煩悶但我們大人卻因為某種原因無法改變當時的情況時，大人心裡不免都會覺得，這小孩怎麼這麼不懂事，在這節骨眼給我吵鬧。

有一次，我自己帶珈珈回台灣，在機場又遇上這種情況，當時的我因為腰椎受傷又要背著她，所以我自己已經是痛到想哭，整個人像是折成兩半一樣難過。

而這時珈珈因為不願意被背著，一直不停扭動又開始吵鬧時，當下我先深呼一口氣，在心裡數到十才跟珈珈說：「我知道你不喜歡媽媽背著，但

是我現在只有一個人顧著你，我沒有辦法讓你下來走，所以可以請妳忍耐一點，我們上了車子以後，妳就會舒服很多，然後親親她的額頭撫摸一下她的頭，讓她安心。

說完以後，我再跟她告知接下來我們在上車以前會做的事，並且讓她自己把護照交給海關叔叔，參與我們必須要走的程序。等上車後我會跟她說她的表現讓媽媽很驕傲，並且謝謝她幫忙。對這樣小的小朋友，不須要跟他們有太過複雜的解釋，但是只要簡單的敘述該走的程序，讓他們心裡有準備，並且在完事後跟鼓勵他們一下。

通常珈珈都很配合，即使等到她的耐性被我們磨完後，該做的事也已經做完了。

孩子篇——不可以！！！

「不可以」好像是做爸媽的人時常忍不住脫口而出的話。我自己常常也在情急之下，跟珈珈說，不可以這不可以那。但是通常我跟馬先生會不定時依據珈珈當時的成長情況，先給自己打預防針，設定下我們可以認同的底線。

只要珈珈沒有觸碰到我們心中的底線，我們會忍住不跟她說「不可以」。會這樣做，並不代表我們允許她隨意胡攪瞎搞，純粹是因為，我們相信小孩子就是會經過，看到什麼都要摸一下、碰一下、爬一下、踢一下的過程。

如果因為大人自己的心臟不夠強，而制止孩子的探險，那麼這不就是剝奪孩子學習的權利嗎？但是有些東西真的是摸不得碰不得時，只要珈珈嘗試去觸摸，我們就會用比較堅定的口氣跟她說，這個東西不可以摸，因為對你來說很危險，如果你受傷了，爸爸媽媽會很難過，然後裝很難過的樣子，但是語氣還是要很堅定。在珈珈一歲後的第一個冬天，她對家裡突然出現的電暖氣很感興趣，當時公婆剛好在香港，所以超緊張的婆婆就很擔心珈珈會去

摸,然後被燙傷,最後小指頭必需被切掉般地碎碎唸。

　　當然,珈珈怎麼可能放棄這大好機會,不去玩家裡的新鮮貨?所以我跟馬先生就在珈珈準備偷偷伸手摸電暖氣時,跟她說:「不可以,這個東西不是玩具,不是讓你摸好玩的,因為會燙,你摸了手會燙傷。」這時邊說邊小心抓著她的手在電暖氣前感受熱氣。經過幾次這樣重複的動作,珈珈對電暖氣的新鮮感也沒了。之後回台北時看見另一款電暖氣,外婆就用我們的招數跟珈珈說:「不可以摸,這個不是玩具」後,珈珈在台期間完全沒有去摸過。

　　不過在台期間有發生一件有趣的小插曲,因為我在跟我媽解釋我的不可以哲學,和我媽說,因為我相信珈珈聽的懂,所以我不常使用「不可以」。即使我不得不說不可以時,我也會用堅定的語氣和眼神蹲下來跟珈珈說,而且是重複說三次。這時我媽聽了很想嘗試,所以就隨口用堅定的口氣說「不可以」。這時在我們身邊遊走的珈珈突然整個人定住,然後用疑惑的眼神,慢慢抬頭看外婆,不解她是做了什麼被罵。而且我媽又故意試了幾次,才滿足地放過珈珈。

　　可憐的珈珈被外婆像是訓練小狗一樣,唸了幾次不可以。當時我並沒有制止我媽的好奇心,因為我想讓長輩能信服我的教養方式。後來我跟珈珈解釋,外婆不是在唸她,而是外婆很開心珈珈這麼聽話懂事。

老公篇——你不會我來好了

　　我覺得這一代的男性,對教育子女的觀念都比上一代的接受度來的高。我們成長的那個年代,父親通常都是扮演著嚴父的角色,很少跟孩子有太過親密的互動,因此更不可能幫孩子洗澡換尿布。但是現代的爸爸可不同了,很多都恨不得自己可以懷孕,恨不得自己可以親餵奶。我認識很多爸爸都很熱衷幫忙太太照顧孩子,因此當珈珈出生後,我就一直秉持著,照顧珈珈是我跟馬先生共同的責任。即使我剛開始心裡很看不過馬先生照顧珈珈的方

式，有時不免會在心裡嘀咕，總覺得馬先生對珈珈不夠乾淨，但是我都忍住不說，然後自己跟自己洗腦說，一點細菌不會怎麼樣。反而是太過無菌的保護，會讓她的抵抗力太脆弱。所以當看見馬先生做出什麼我不認同的事，只要對珈珈沒有生命危險，我不會制止。當然也就不會跟他說，你不會啦，我來就好這樣的話。

因為我相信，這樣說有如歧視男人，會減低男人照顧孩子的慾望，最後導致他們認為，我就是不會，所以之後什麼都要媽媽自己來。

老公篇──我上班很累耶

不知道為什麼現代男人時常忘了我們女人不管是職業婦女或者是全職媽媽，也是人也會累的耶，所以遇上分配家庭工作時，總是會碎碎唸他們有多累。

馬先生在換新工作後，因為壓力比較大，所以在家時，一些平常時屬他的的職責，會推給我。

這時我就使出我的公關三寸不爛之舌，我承認我是重眠的人，所以我也不是早起的動物，要我早起根本是不可能的任務。但是有時馬先生因為加班晚歸，我還是會做好太太一職，體貼他的辛苦，隔天早起餵奶。

不過當他給方便當隨便後，我就跟他說，他下班時珈珈都已經睡覺了，週一到週五只有早上他上班前可以跟珈珈單獨相處，如果他不把握這機會的話，對珈珈是不公平的。

但是人總是健忘，說了幾次後，他又開始推托，上班很累爬不起來一些藉口。這時珈珈剛好開口學說話，並且對中文以及英文理解力明顯比義大利文來的流利，因此我就拿婆婆來施壓，跟馬先生說，他媽媽上次視訊又問我，珈珈會說什麼義大利文，所以我跟馬先生說，你再不花時間跟珈珈說義大利文，到時等你媽來問你時，別指望我解救你。

果然自那次後，他每天認命地爬起來跟珈珈說義大利文，還在網路上買

了珈珈愛的hello kitty動畫義大利文版本的DVD。

公婆篇──有些話說不得

其實全天下的公婆都是疼愛孫子（女）的，而且他們因為卸下了做父母親的職責，因此更會寵愛可愛的孫兒們，這是天經地義的事，也是老一輩享受的事。所以當我們晚輩的瞭解這一點以後，遇上觀念不同的衝突時，只要換個角度想，很多爭執是可以避免的。但是最重要的是，千萬別對公婆一副，你們老人家不懂啦！這種態度，對娘家的爸媽也許有用，但是公婆對媳婦來說，畢竟還是外人，所以先生真的扮演很重要的角色。而有時先生會感到自己是夾心餅乾，不知所措的時候。這時我只能跟先生說，拜託你有點男人風範一點，處理一下好嗎？因為有些話，做媳婦的真的說不了。

公婆篇──我當初都是這樣帶小孩的

因為我一直小心的處理敏感婆婆的情緒，所以我跟他們的關係算不錯。而他們也算疼我，之前自己去義大利出差時，他們都不辭辛苦，開車到米蘭接我回家，準備我愛吃的東西讓我大吃大喝一番。

但是真正發現與他們的觀念有衝突時，是他們的角色變成爺爺奶奶後，才見識到他們的固執，所以在處理他們與珈珈的問題時，我真的軟硬兼施，並且盡量讓馬先生去溝通，而我在背後教馬先生怎麼說。

當然最後也是有因為珈珈的問題攤牌正面衝突。如果他們是批評我教育子女的做法，我的對應方式就是跟他們說，「我聽到你的建議，我會好好跟馬先生討論看看我們哪裡可以改進。」但是如果他們提出的觀點，是我們完全不苟同的時候，我就會說：「我們理解你的出發點，但是其實我們自己也不知道這樣做的成效如何，因此我們是有根據這個問題問過醫師，而醫師認同，可以這麼做試試看。」（年長一輩通常對醫生說的話，都不會反駁，但是拿出醫生牌時，請先過濾是否適用）

公婆篇──醋勁大發

　　如果是遇上公婆吃奶媽的醋時，這時除了請褓姆多讓爺奶參，與孩子多一點互動以外，千萬別為褓姆正面反駁什麼，或者幫褓姆說好話，因為在公婆眼裡，褓姆是外人，而他們是孩子的家人。其實只要安撫一下老人家的情緒就可以。當然，我們最後聽完公婆對褓姆的指控以後，我說「我們（一定要說我們，表示自己跟先生站在同一線上）很高興你跟我們說這些，因為我們每天上班其實也不能真正控制褓姆的舉動，只能透過孩子對褓姆的信任程度來判定這褓姆好不好。但是什麼都比不上有爺爺奶奶在身邊的好處，所以你們如果可以常常來，不僅陪陪珈珈，也能幫我們盯緊褓姆」這個經驗告訴我這招很好用，因為不僅安撫到公婆吃醋的心裡、適度的鞏固褓姆的可信度以外，還加了一點點讓他們因為不常來看孩子內疚的成份。當然因為我父母住在亞洲，因此距離上的確比我公婆來的近，但是也並不代表我爸媽三不五時來看孩子。

　　他們也是有他們自己的事要忙，不過比起住在遙遠的義大利想孫心切，我爸媽倒是真的可以輕鬆撥出一個週末來香港，所以根據這個問題，我公婆當然有用很酸的語氣提起過。這時一定要跟自己爸媽搭配好，演一場戲，千萬別說自己爸媽多麼常來香港。

　　同時還要避開他們四人與珈珈同在一個屋簷下，我怕珈珈因為在他們四人當中對我媽的熟悉感比較高，所以到時珈珈找我媽的話，一定會穿幫。但是我媽也問我說，如果當珈珈會說話時怎麼辦，其實等到珈珈會清楚的說出見到外公外婆的次數時，她應該就能理解爺爺奶奶的定義。所以我倒是不擔心，珈珈長大後，與公婆之間還會如此生疏，但是我也是有準備好自己的說詞，我會跟公婆說，很不幸地我們住在沒有親人的城市。

　　因此對珈珈來說她得不到我們從小週日去阿嬤家吃飯，與親人互動的那種感覺。所以只要有任何親人（千萬別提到誰，因為重點在親人間的互動）願意來香港，我們都開心接待，因為這對珈珈是很好的互動關係。

這樣一說，完全不怕公婆繼續吃我爸媽的醋，因為珈珈缺少與親人的互動，這是不爭的事實。

自己爸媽篇

其實我真的是生完珈珈後，才知道對父母要感恩。也就是深深體悟小時候常常被唸的那句，「長大你就明白我對你的苦心」。通常娘家的爸媽對做媽媽的我們，都是比較好說話的。他們對我們的大小姐脾氣也是最有忍度的，我想我爸媽看到這裡時，心裡一定在想，虧你還知道感恩。

有時候，做了媽媽以後，想回去找媽媽撒嬌時，其實他們心裡也是很開心地。有時，他們會給孩子大紅包，這時心裡都知道，一半是給自己，一半才是給孫兒的。但是通常收到以後，我一定100%存進孩子的賬戶裡頭，因為我當做這是爸媽給自己的鼓勵，因此拿這錢去血拼，是不對的。除此之外，因為生了珈珈以後，我爸媽對我的幫助是轉移到精神的支柱。

有時候，當自己處理不了一些做父母的壓力時，跟他們聊聊天，抒發心頭悶，可以算是一種舒壓方式。因為要拉拔一個小孩健康快樂的長大，真的需要不少心力。

有時遇到挫折時的鬱悶，會讓人有一種，心事誰人知的那種無奈感。但是千萬要注意的是，自己跟爸媽之間的對話方式。由於是自己爸媽，所以說話的態度或者是玩笑話，有些時候還是會比較超過，所以在孩子面前，與自己父母親說話的方式真的要很注意，真的不能大聲地罵自己爸媽什麼都不懂，或著跟他們說話時有不耐煩的感覺。因為在孩子眼裡，他們無法判斷媽媽是什麼原因，所以跟外公外婆這樣對話。

如果長期下來，媽媽都是用這種負面方式與長輩溝通，不知不覺會影響孩子長大對外公外婆的態度，更嚴重的，可能孩子就會用這種方式對待自己。到時再來要求孩子對自己要尊重，就會遇上，要刮別人鬍子前先把自己的刮乾淨的窘境。

　　說話是一門藝術，不僅語氣措詞上需要構思，連表情肢體動作，都需要演練。當然最重要的是心態，因為不是打從內心說出的話，絕對無法打動對方。即便說話技巧拿捏的百分百，最後呈現的還是會很做作，當我說出這些話語時，除了要給自己洗腦以外，也是需要改變觀念，因為這些都是親人，我們都是希望對方好，所以不希望說出無意間傷害到對方的話。

　　身為媽媽的我，不好聽的話要衝出口以前，都會先思考一下自己要說的話，想看看是否恰當，因為在家庭中，減少一次衝突，就會換來更和諧快樂的家庭關係。

國家圖書館出版品預行編目資料

時尚媽咪寶貝經／張元宜著 . -- 初版 . -- 臺中市：
晨星 , 2011.08

面； 公分 . -- (勁草！；333)

ISBN 978-986-177-509-8（平裝）

428 100011647

勁草！333

時尚媽咪寶貝經

作者	張 元 宜
編輯	陳 巧 凝
校對	張 雅 婷
美術編輯	許 芷 婷
封面設計	楊 聆 玲

負責人	陳銘民
發行所	晨星出版有限公司
	台中市工業區 30 路 1 號
	TEL:(04)23595820　FAX:(04)23597123
	E.mail:morning@morningstar.com.tw
	http://www.morningstar.com.tw
	行政院新聞局局版台業字第 2500 號
法律顧問	甘龍強律師
承製	知己圖書股份有限公司　TEL：(04)23581803
初版	西元 2011 年 8 月 15 日

總經銷	知己圖書股份有限公司
	郵政劃撥：15060393
	（台北公司）台北市 106 羅斯福路二段 95 號 4F 之 3
	TEL:(02)23672044　FAX:(02)23635741
	（台中公司）台中市 407 工業區 30 路 1 號
	TEL:(04)23595819　FAX:(04)23597123

定價 250 元
（缺頁或破損的書，請寄回更換）
ISBN 978-986-177-509-8

◆讀者回函卡◆

以下資料或許太過繁瑣，但卻是我們瞭解您的唯一途徑
誠摯期待能與您在下一本書中相逢，讓我們一起從閱讀中尋找樂趣吧！

姓名：_____　性別：□男　□女　生日：　／　／

教育程度：_____

職業：□學生　　　□教師　　　□內勤職員　□家庭主婦
　　　□SOHO 族　□企業主管　□服務業　　□製造業
　　　□醫藥護理　□軍警　　　□資訊業　　□銷售業務
　　　□其他 _____

E.mail：_____　　聯絡電話：_____

聯絡地址：□□□_____

購買書名：時尚媽咪寶貝經_____

・本書中最吸引您的是哪一篇文章或哪一段話呢？_____

・誘使您購買此書的原因？

□ 於 _____ 書店尋找新知時　□ 看 _____ 報時瞄到　□ 受海報或文案吸引
□ 翻閱 _____ 雜誌時　□ 親朋好友拍胸脯保證　□ _____ 電台 DJ 熱情推薦
□ 其他編輯萬萬想不到的過程：_____

・對於本書的評分？（請填代號：1. 很滿意 2. OK 啦！ 3. 尚可 4. 需改進）

封面設計 _____ 版面編排 _____ 內容 _____ 文／譯筆 _____

・美好的事物、聲音或影像都很吸引人，但究竟是怎樣的書最能吸引您呢？

□ 價格殺紅眼的書　□ 內容符合需求　□ 贈品大碗又滿意　□ 我誓死效忠此作者
□ 晨星出版，必屬佳作！　□ 千里相逢，即是有緣　□ 其他原因，請務必告訴我們！

_____

・您與眾不同的閱讀品味，也請務必與我們分享：

□ 哲學　　　□ 心理學　　□ 宗教　　　□ 自然生態　□ 流行趨勢　□ 醫療保健
□ 財經企管　□ 史地　　　□ 傳記　　　□ 文學　　　□ 散文　　　□ 原住民
□ 小說　　　□ 親子叢書　□ 休閒旅遊　□ 其他 _____

以上問題想必耗去您不少心力，為免這份心血白費
請務必將此回函郵寄回本社，或傳真至（04）2359.7123，感謝！
若行有餘力，也請不吝賜教，好讓我們可以出版更多更好的書！

・其他意見：

晨星出版有限公司 編輯群，感謝您！

更方便的購書方式：

(1) 網站：http://www.morningstar.com.tw
(2) 郵政劃撥　帳號：15060393
　　　　　戶名：知己圖書股份有限公司
　　請於通信欄中註明欲購買之書名及數量
(3) 電話訂購：如為大量團購可直接撥客服專線洽詢

◎ 如需詳細書目可上網查詢或來電索取。
◎ 客服專線：04.23595819#230　傳真：04.23597123
◎ 客戶信箱：service@morningstar.com.tw